ART ENCYCLOPEDIA

青少年科学与艺术素养丛书

中国美学

小书虫读经典工作室　编著

天地出版社 | TIANDI PRESS

山东人民出版社 · 济南

国家一级出版社　全国百佳图书出版单位

图书在版编目（CIP）数据

中国美学 / 小书虫读经典工作室编著. — 成都 :
天地出版社 ; 济南 : 山东人民出版社, 2022.6
（青少年科学与艺术素养丛书 ; 15）
ISBN 978-7-5455-7078-6

Ⅰ. ①中… Ⅱ. ①小… Ⅲ. ①美学史—中国—青少年
读物 Ⅳ. ①B83-092

中国版本图书馆CIP数据核字（2022）第072428号

ZHONGGUO MEIXUE
中国美学

出 品 人 杨 政
编　　著 小书虫读经典工作室
责任编辑 李红珍　李菁菁
装帧设计 高高国际
责任印制 董建臣

出版发行 天地出版社
（成都市锦江区三色路238号　邮政编码：610023）
（北京市方庄芳群园3区3号　邮政编码：100078）
山东人民出版社
（山东省济南市市中区舜耕路517号11-14层　邮政编码：250003）
网　　址 http://www.tiandiph.com
电子邮箱 tianditg@163.com
经　　销 新华文轩出版传媒股份有限公司

印　　刷 北京盛通印刷股份有限公司
版　　次 2022年6月第1版
印　　次 2022年6月第1次印刷
开　　本 700mm×1000mm 1/16
印　　张 300（全20册）
字　　数 4800千字（全20册）
定　　价 998.00元（全20册）
书　　号 ISBN 978-7-5455-7078-6

咨询电话：（028）86361282（总编室）
购书热线：（010）67693207（营销中心）

如有印装错误，请与本社联系调换。

厚植沃土——在知识与知识之间

序一

高品质的图书是精良的知识补给，对于基础教育至关重要。它应该是客观的、开阔的、系统性的。“青少年科学与艺术素养丛书”由小书虫读经典工作室编著，整套图书共20册，涉及艺术素养的有10册，它们内容翔实，不仅涵盖了中国和外国的绘画史、文学史等基础内容，亦包括关于中国书法史和中外音乐史、建筑史、戏剧史等别具一格的分册。

系统的知识构成，体现出教育认知的深度。各分册之间的内在关联，则凸显出丛书的科学性和计划性。在这套丛书中，各门类知识之间不仅环环相扣，更是相互嵌套的。知识之间的这种线性链接和复合交错的双重属性，就是知识的基础结构，它是促成人类自主认知机制的内在支撑。比如丛书中《外国美学》与《外国绘画》就是这种链接关系，美学史与绘画史之间，既是抽象和具体的关系，亦是文本和现实的对照。

精良的知识系统具有复合性。各知识门类之间彼此交叉、互为成全。建筑、戏剧等具有空间属性的艺术，本身便是社会现实的写照，体现了人类在自然条件下开拓和营造空间的能力。它既得益于知识之间的相互结合，又是孕育新知识的母体。建筑艺术就是这方面的典型，它一方面依赖于知识的综合性，一方面又营造了知识生产的文化生态，成为新知识培育和娩出的子宫。丛书中的分册《中外建筑》着实令我欣喜，这俨然显示出一种气象不凡的新型知识格局。

优质的系列丛书具备均衡性。就公民美育的目标而言，大美术是一个富于活力的概念，它为整体素质的提升创造了更为丰富的成长路径和进步空间，对处于启蒙阶段的儿童以及思维养成阶段的少年而言更是如此。美育的入道，理应多元并举、触类旁通。语言文学和视觉艺术之间存在贯通的可能性，听觉艺术和视觉艺术之间也具有内在关联。不同的感官是人类认知世界的通道和媒介，我认为所有感官的开启和闭合都是阶段性的，令我们得以交替运用不同的方式去认知世界。因此，我们需要从小关照各种感官，启发、呵护、培植它们，令它们保持开启的可能性与敏感性，以便伺机而生、临机而动。

在一个人思维模式的形成过程中，理性思维是认知基础和养成目标，但感性思维亦不可或缺。理性主宰着思维方式，感性则关乎灵气。文学、美学、艺术以及建筑领域的经典个案，皆渗透着情感的力量。每一种知识体系的形成都历经了漫长的演变过程，这就是历史。历史学习之所以重要，就在于理性观摩的积淀，以及感性思维的导向，由此，我们可以看到一种理性与感性反复交织的自生模型，并深得裨益。

苏　丹

清华大学艺术博物馆副馆长、清华大学美术学院教授

2020 年 3 月 4 日于北京 · 中间建筑

有艺术滋润的生活才快乐

序二

在人类历史的漫长岁月中，艺术一直伴随着人们的生存和发展。数千年来，不同地区、不同生活生产方式下的人们，无不拥有着各自不同形式的艺术。文学、戏剧、音乐、绘画、建筑、美学等艺术形式，不仅记录了人类自身的生产实践，更表达着他们代代相传的丰富想象力及对理想信念、品德智慧的情感追求。

文化艺术活动反映人们的精神世界，是人类生活表象背后的精神轨迹，也是人类社会的内涵和价值取向。审美生活是人类生活中最高贵的形式，没有艺术滋润的生活是不快乐的。“仓廪实而知礼节，衣食足而知荣辱”是中国古人留给我们的箴言。子曰：“志于道，据于德，依于仁，游于艺。”蔡元培先生认为，美育是最重要、最基础的人生观教育，“所以美足以破人我之见，去利害得失之计较，则其所以陶养性灵，使之日进于高尚者，固已足矣”。文化艺术是人类情感精神活动的结晶，是人类的最高境界和生活方式。这种超越物质生活的精神层面之自由天地，就是文化艺术存在的重要意义。

在当今中国的社会生活中，孩子们学琴、学画画儿，参加各种艺术活动已非常普遍。为了提高学生的美育水平，社会、学校都有明确的目标要求和行动落实。未来中国，文化生活将会变得越来越必需，越来越重要。引导孩子们从小了解、速览各门类艺术史，借此在潜移默化中提升气质修养、凝聚精神力量、积累学识认知可谓至关重要。

这套丛书中与艺术相关的分册内容非常丰富，包括文学、戏剧、音乐、绘画、书法、建筑、美学等各艺术门类，知识性、专业性很强，但又并不枯燥难懂。每本看似体量不大，却是对该艺术门类发展史的高度概括和简述，直观清晰。古今中外，人类文明发展过程中曾对人的精神产生过重要影响的各种艺术形式、观点、环节、人物、作品如同被卫星定位和导航般，在此一下子轮廓尽收，路径显现。

把数千年来的专业知识用通俗易懂的方式介绍给孩子们不是件容易的事。这不是一个简单的“浓缩历史”的工作，而是一项长期且艰难的系统工程。编者需要付出极大的耐心和做出大量的案头工作，必须分门别类，撷取精华，去伪存真，突出特点；同时还要各门类间互为参照补充，遥相印证，准确表达。孩子们通过阅读这套艺术简史，可以了解、掌握必要的“打底”知识，从而理解人类精神情感生活来源的方方面面及发展脉络，可开阔视野，增长见识，激发情趣，进而通过艺术理解生活，实属开卷有益。

还应该引导读者们通过阅读这套书，发现这样一个现象：每当世界有了新的技术和情感记录方式时，文学艺术的创作风格就会另辟蹊径。所谓从物质文明到精神文明的飞跃恰恰体现于此，而为什么说文化是现代社会的核心价值观和竞争力，也体现于此。

读者们通过图文并茂的阅读熟悉了历史的内涵，有了坐标之后，再去博物馆、美术馆、大剧院、音乐厅，感受、印证、共鸣一番，大量知识自然会轻松理解，终生难忘……

我离开大学 30 多年了，读了这套简史，又重温了一遍人类文明进程中的许多重要故事，收获颇丰，感慨良多。我觉得这套简史就是奉献给小读者们学习的精美甜点，如开启智慧的方便法门。不光对孩子们有帮助，同时也可供大人和孩子一起读，交流分享读书感受，老少皆宜，裨益生活。

安远远

中国美术馆副馆长

2020 年 3 月 10 日于中国美术馆

第一章　中国人的美学根脉：先秦美学思想及著作

（前770—前221年）

先秦是中国古典美学的发端期。政治上，这一时期的中国正在从奴隶制向封建制过渡，文化上出现了百家争鸣的局面，如儒家的孔子、孟子、荀子，道家的老子、庄子，墨家的墨子等，都提出了自己对于美学的看法。此外还出现了《乐记》《周易》《诗经》《离骚》等经典著作，为整个中国古典美学的发展奠定了基础。

第二章　汉风即起：过渡时期的中华美学

（前202—220年）

汉代美学是先秦美学和魏晋南北朝美学之间的过渡。汉朝建立以后吸取秦灭亡的教训，较为注重文化建设，儒家、道家等先秦重要学派都在前代的基础上有了发展，由屈原建立的楚辞美学也有了较大发展。《淮南子》中的形神论及王充的自然元气论，诱发了魏晋南北朝时期美学对于老庄美学的回归，起到了过渡作用。

第三章 文艺的自觉：魏晋南北朝美学

（220—589年）

魏晋南北朝是一个政治大动乱、社会大变革的时期。在文化领域，随着汉朝的灭亡，儒家思想的影响也随之减弱。随着玄学的兴起，知识分子对不同类型艺术的本质或特点进行了探索，创造和积累了大量的文学理论，出现了《典论·论文》《文赋》《诗品》《文心雕龙》等专门论述文学艺术的论文和专著，使得魏晋南北朝成为中国美学史上第二个黄金时代。

第四章　黄金时代：唐代美学

（618—907年）

唐代是中国封建社会发展的顶峰，也是中国古典美学的鼎盛时期。唐诗绚丽多姿，成为唐文化的标志。初唐时期的陈子昂提倡的“兴寄”与“风骨”，为唐诗的健康发展奠定了基础。盛唐时期的李白、杜甫是诗坛最耀眼的双子星。白居易的新乐府运动及韩愈的古文运动，都倡导诗歌要具有充实、丰富的内容，内容与形式和谐统一，对于诗文创作具有指导作用。此外，佛教与儒、道思想相结合产生的禅宗，影响了人的审美心理，促进了文人画的成熟，对美学影响极为深远。

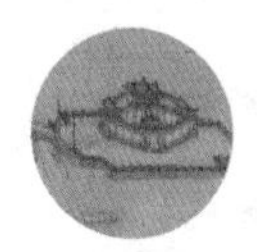

第五章　鼎盛后的繁荣：宋元美学

（960—1368年）

宋代美学思想的集大成者是词。词讲究抒情和声律，与诗形成互补，为人们的审美情感开创了更为广阔的天地。宋代理学的出现为中国美学的发展规定了新方向，理学思辨的特点使宋代的诗论、画论更加精微。苏轼对于诗、画渗透的强调，对于书法“意”的重视及郭熙对于山水画“远”的特点的强调等，都是为了艺术作品能够具有意蕴和韵味。元代的元好问和方回对诗歌“天然”和“清”的强调，丰富了诗歌美学的内容。

第六章　从意与象到人与心：明代美学

（1368—1644 年）

明代中后期，城市经济繁荣，受市民欢迎的小说、戏曲等通俗文学发展起来。在思想领域，王阳明主张“心外无物”，将人心提到了极高的位置。在其影响下，明代出现了一股重视人心、真情，张扬个性的美学思潮。另外，园林美学开始凸显出来，丰富了中国的古典美学理论。

第七章　于继承中发扬：清代美学

（1644—1911 年）

清代，中国古典美学进入了总结时期，出现了王夫之的美学体系、刘熙载《艺概》的美学体系等。戏曲与小说一路高歌猛进，李渔对戏剧创作与演出等方面的论述十分丰富。金圣叹对《水浒传》的评点、脂砚斋对《红楼梦》的评点等，涉及小说情节的设置、人物的塑造、真实性与创造性等问题，其美学思想对后世产生了深远的影响。

第八章 新起点，新气象：民国时期的美学

（1912—1949年）

清代后期，中国国门被打开，西方思想涌入中国，与中国古代传统文化产生碰撞与融合。民族革命战争也使得人们的美学思想与现实相联系。这一时期，梁启超、王国维、鲁迅、蔡元培和李大钊的美学都有一个共同的特点，就是热心于学习和介绍西方美学。虽然他们没有建立起自己的美学体系，但是却带来了与古典美学大为不同的思想，具有自己的特点。另外，鲁迅和李大钊的美学还与社会的现实环境相联系，带有强烈的革命性。

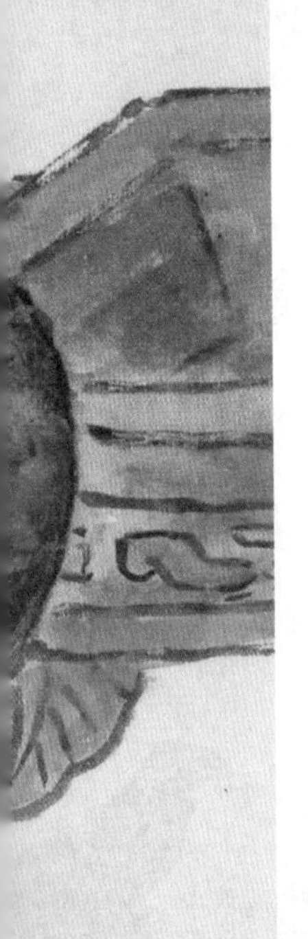

第一章

中国人的美学根脉：先秦美学思想及著作

（前 770—前 221 年）

先秦是中国古典美学的发端期。政治上，这一时期的中国正在从奴隶制向封建制过渡，文化上出现了百家争鸣的局面，如儒家的孔子、孟子、荀子，道家的老子、庄子，墨家的墨子等，都提出了自己对于美学的看法。此外还出现了《乐记》《周易》《诗经》《离骚》等经典著作，为整个中国古典美学的发展奠定了基础。

【图1】 东汉画像石《孔子见老子》

老子：以“道”为美

老子，姓李，名耳，字聃，又称老聃。春秋时期楚国人，是中国道家学派的创始人。曾到周朝学习，并做过周朝的史官，在此期间，遍览诗书，天文、地理、人伦等无所不学，后来学问越来越深，名气越来越大，孔子曾向老子请教问题，以老子为自己的老师。（图 1）

传说老子一出生就白发、白眉、白胡须，而且活了一百六十多岁。关于老子去世，还有一个小故事。故事中说老子去世时，邻居都来吊唁，而且老人、孩子都十分悲痛。后来，老子的一个好朋友秦佚也来吊唁，但是秦佚在老子的灵旁，不跪不拜，拱手致意，哭泣三声就停止了。邻居们都十分不解，但秦佚解释说：“老子曾说过，生不必喜，死不必悲。生是从无到有，聚气而成，死是从有到无，散气而灭，这都是合乎自然之理的，不能强求。为死而悲痛的人，是以自己的意愿来强求生死，这是违背自然、违背天理、违背道的。”邻居们听了，都有所感悟，认为秦佚是老子真正的朋友，并推秦佚为主葬之人。

从这个小故事中可以看出，老子是十分推崇自然无为之道的。老子的哲学和美学思想的起点是“道”，核心也是“道”，被后世推崇为道家学派的创始人。老子的思想集中体现在《道德经》（图 2）一书中。

在《道德经》中，老子提出了“道”“气”“自然”“味”等一系列的概念，要了解这些概念，首先要了解最核心的“道”。老子所说的“道”是混沌的，

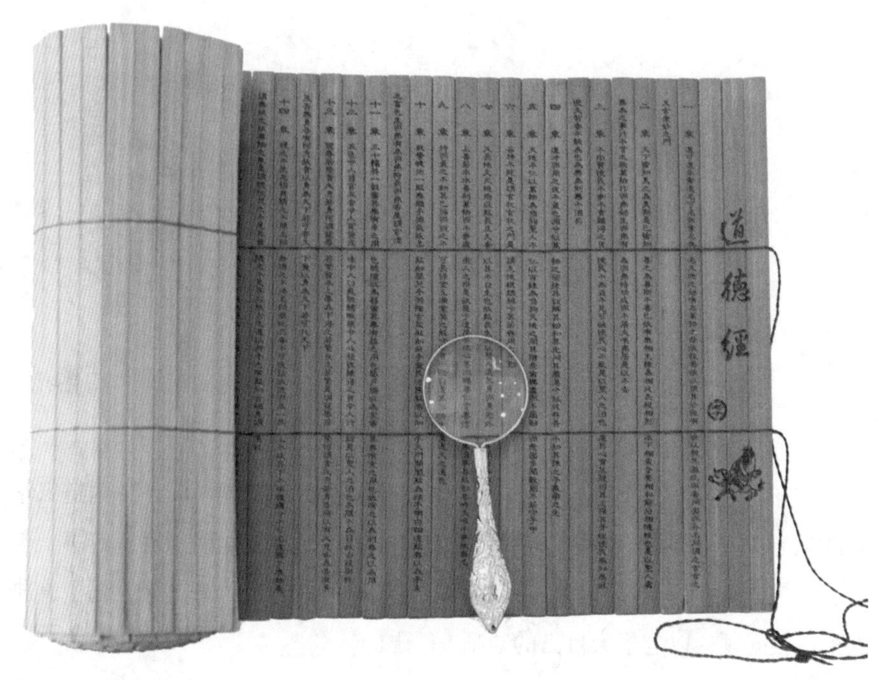

【图2】 《道德经》

在天地产生之前就存在，是世界的本原，它产生万物。著名的“道生一,一生二,二生三,三生万物”说的就是这个意思。如果说西方世界中普遍认为是上帝创造世界的话，那在老子的理论中，“道”就相当于上帝的角色，它创造万物。

“道”包含着“气”，这种混沌的“气”分化为“阴”“阳”二气，阴、阳二气相互交通融合，就产生了万物。人们常说的，事物都包含着阴、阳的属性，月亮为阴，太阳为阳；黑夜为阴，白天为阳，此类说法就是从这一思想延伸出来的。气形成万物，而物的形象就是“象”。“象”是体现“气”、体现“道”的。如果说人的精神是“气”的话，人的身体就是“象”，没有了精神，身体就是皮囊而已，同样，没有了“气”和“道”，“象”就是没有意义的东西。人们对于美的探索，受到了这种思想的影响，人们在判断一个事物美不美时，大多时候并不是只看事物的外在形象，也就是“象”，而是会透过“象”去品味事物更内在的东西。对于一个人来说，我们会去看他的品质，对于一件物品来讲，我们还会去考虑它的用途，就是这个道理。

从“道”引申开来，老子还提出了“有”“无”和“虚”“实”的相互关系。他认为，世间万物都是“无”和“有”的统一，“虚”和“实”的统一，有了这种统一,万物才能运动，生生不息。这种思想在后来的绘画和诗歌中也得到了很好的运用，逐渐形成了留白的手法，这使得中国画等具有了一种特别的意蕴。

老子也直接谈论到了“美”，但这种美学思想也是与“道”密切相关的。他说：“天下皆知美之为美，斯恶已。”在老子的时代，也有音乐等艺术，但是只有奴隶主贵族才可以享受，因此，老子将美说成是“恶”。老子并不是否定一切美感，他说过“道之出口，淡乎其无味”，“无味”就是一种平淡的趣味，这是老子所提倡的。另外，现在经常和“美”一起用的“妙”，也是由老子第一次提出来的。但老子的“妙”是和“道”联系在一起的，是指“道”的无限性的一面，“妙”出于“自然”。到了汉代，“妙”已经成为常用的形容美的词语，例如“妙句”“妙音”等。我们现在也经常将美的事物或感觉形容为“美妙”，这也可以说是源出老子。

总而言之，“道”是老子关于“美”思想的起点，也是落脚点，一句话，符合“道”的就是美的。

老死不相往来

在老子的思想体系中，“无为而治”的基础是小国寡民，国家小到什么程度呢？小到“鸡犬之声相闻”。虽然小，但老子不主张百姓之间频繁的往来，甚至最好是“老死不相往来”。老子认为这样可以减少社会矛盾，利于社会稳定，但这实际上是违背经济发展规律的，属于比较消极的思想。

【图3】 庄子

庄子：自由最美

庄子（图3）与老子并称“老庄”，是道家学派的另一位代表人物。如果说老子的以“道”为美稍显高深而难以把握的话，庄子的自由之美的思想则更加具体、更加形象，他让我们明白怎样才能体会到“美”。庄子也因为他的自由之美而被闻一多先生评价为“最真实的诗人”。

庄子，名周，战国时期伟大的思想家、哲学家，因崇尚自由、无为而几乎一生退隐。庄子的哲学思想和美学思想都是以追求“自由”为核心的。这种对自由的追求，启示后人怎样才能有一颗发现美、感悟美的心。

庄子继承了老子的思想，也认为“道”是最高的、绝对的美。因此，他说对于“道”的追求与感悟是人生最大的快乐。但是如何才能把握“道”，并进而把握“美”呢？庄子首先给出了两个美学名词——“心斋”“坐忘”。“心斋”就是指空虚的心境，“坐忘”就是指人要从生理欲望和是非得失的计较中解脱出来。如果一个人醉心于权力、利益等，必然将自己的大部分甚至是全部目光和心力放在对这些东西的追求上，这样他就不容易甚至不会发现生活中的美。因此，人们如果不能保持一颗平静、单纯的心，就无法发现生活中的美。而庄子的“心斋”“坐忘”就是要人们从自己内心彻底排除利害观念，庄子认为，做到这些，才能不受束缚，达到自由，才能发现并把握“道”和“美”（图4）。

和这一点相似，老子也曾提出要“涤除玄鉴”，“玄”指“道”，“鉴”是

【图 4】 [明]仇英《南华秋水》（本图取材《庄子·秋水》）

看见、感悟、把握的意思。这就是说人们要排除主观欲念和成见，保持内心虚静，才能把握“道”。老子的这一思想与庄子的“心斋”“坐忘”，在美学研究中，属于审美心胸的理论，也就是告诉人们只有心灵纯净并且热爱生活，看到鲜花、草地，看到细雨、飞雪，才会感到自然生命之美。

庄子对美还有一种认识也值得我们借鉴，那就是“美”与“丑”是相对的，是可以转化的。在庄子看来，作为宇宙本体的“道”，是最高的美，而现实的物质世界的“美”和“丑”在本质上是没有差别的。在《庄子·秋水》篇中，庄子讲述了这样一则寓言故事：河伯水量很大，以为自己是最美的，但到了北海，看到了北海的浩渺，便发现自己丑的一面。因此，庄子认为，“美”与“丑”是可以相互转化的，它们的本质都是“气”，是相同的。庄子在他的文章中，描写了很多外貌丑陋或者身体有残疾的人，以此告诉人们，美与丑、得与失都是一样的，因为它们都表现了生命的“气”，一个懂得“道”的人不应该去计较这些。人们在欣赏绘画作品的时候可能也有过这样的感觉，一幅画有一个挥舞着镰刀在金黄的麦田里丰收庄稼的普通农民的画，和一幅画着五彩鲜花的画相比较，前者更容易给人以心灵的触动和力量，让人看到生机，看到生命的“气”，因而也会觉得更美。

受庄子这一思想的启示，后世许多艺术家创作出很多以丑为美的作品，但是，以丑为美并不是一味地追求以“丑”来表现新奇和个性。丑在某些情况下也是美的，这需要一个前提，就是它包含着一种内在精神和品质，在庄子看来，这才是一个东西之所以美的最重要的原因。因此，用一颗虚静之心去体会事物中所包含的真谛，才会发现美。

【图5】［南宋］马远《孔子像》

孔子：有善才有美

孔子（图5）是我国最伟大的思想家、教育家之一，儒家学派的创始人，被后世尊为“圣人”“至圣先师”等，被联合国教科文组织评选为“世界十大文化名人”之首。他的思想不仅在中国几千年的发展中产生了重大的影响，而且已渐渐走向世界。他的思想何以具有如此大的力量？人们可以从他的美学思想中窥见一二。

孔子，名丘，字仲尼，春秋时期鲁国人。孔子的思想核心是“仁”和“礼”，据《史记·孔子世家》记载，孔子从小就很重视“礼”，连游戏玩耍时，也经常将祭祀用的礼器“俎豆”摆设起来，进行礼仪的演练。孔子生活在各诸侯国纷乱争霸的时代，他曾到各国去游说，宣扬他的治国思想，但并未得到各诸侯国的认可。政治上的不得意，使孔子将很大一部分精力用在教育事业上。孔子打破了官学教育垄断，开创了私学的风气（图6），相传他有弟子三千人，贤弟子七十二人，即著名的七十二贤士。

与老庄的追求精神、主张“无为”不同，孔子的一切思想是从社会生活的角度出发的，这个“社会”是真实而实在的社会，“生活”是人与人之间的交往而组成的生活，因此，孔子对美的态度，也是建立在美对社会生活的作用这个基础之上的。他将“美”和“善”统一起来，认为艺术只有包含了“善”，符合道德的要求，符合人与人交往的“礼”，才是美的，而这样的“美”是对人和社会有益的，是值得提倡的。

【图6】 《孔子圣迹图》之《杏坛礼乐图》

孔子不仅肯定美和艺术，他还将对美和艺术的追求放在了很高的层次。《论语》是记载孔子及其弟子言行和思想的书，其中记载了孔子与他弟子的一段讨论。孔子问他的弟子们以后的理想，有的人说要治理国家，有的人说要做礼官，管理宗庙祭祀的工作，而其中一个叫曾皙的弟子的理想是在春天的时候，和五六个成年人及六七个孩子到沂河里沐浴，在舞雩台上吹风，然后唱着歌回家。孔子最后说："我同意曾皙的想法。"孔子虽然热衷于研究治国及为人处世的礼法，但同时也认为，对于美和艺术的追求和修养，在社会生活中起着很重要的作用。因此孔子十分提倡关于美的教育，他是中国历史上重视和提倡美育的先驱者。

"质胜文则野，文胜质则史。文质彬彬，然后君子。""质"是指人的内在道德品质，“文”原指纹理，后来引申指人的修饰、外表，“文质彬彬”作为成语现在常用来形容人文雅而有涵养。从孔子所提倡的“文质彬彬”，人们也可以看出，孔子对美的要求是“文”与“质”的统一，也就是“美”和“善”的统一。另外，孔子还说过：“《关雎》乐而不淫，哀而不伤。”这便是孔子对美的标准。“乐”和“哀”这些情感必须有一定的限度，有节制，要符合“礼”的规范，符合社会的道德标准。《关雎》是《诗经》中的著名诗篇，虽然内容是写一位男子对一位女子的思慕和追求，但是符合古代“礼”的要求，这就使全诗纯洁而美好。

既然美要与“善”结合才是美的，要符合“仁”与“礼”的社会规范才是美的，那么自然之美在孔子那里是不是就不能算作“美”了呢？不是的。孔子谈到自然之美时，曾说“知者乐水，仁者乐山；知者动，仁者静；知者乐，仁者寿”。从表面上看，孔子的意思是说，不同的人对自然美的爱好各有不同，但认真思考形成这种现象的原因就会发现，人们之所以认为某种自然之物是美的，实际上是与这种事物产生了一种共鸣。例如很多文人爱梅花，他们不仅是因为梅花外表的美丽，更是因为看到了梅花不畏严寒的精神，这种精神和他们的不畏权贵、不惧困厄的精神具有相似性，这种精神品质上的共鸣，让他们觉得梅花是美的。

由此看来，孔子谈“美”，是始终和“善”联系在一起的。这对后世的审美，甚至是对社会生活的看法，都产生了十分巨大的影响，后世的人们对事物的评价都主张“以德为先”，而将艺术与社会教育联系在一起也成为一种传统。

孟子：养浩然正气中的人格美

孟子（图7）对美的解释主要是以人格美来贯穿的，他以其性善论观点为基础，对人格美进行了讨论，表现出了自己的美学思想，这不仅对美学研究产生了一定影响，而且也成为后世人们在个人修养方面的标准。

孟子，名轲，战国时期伟大的思想家、教育家，继孔子之后儒家学派的另一位代表人物，与孔子合称“孔孟”，有“亚圣”之称。孟子的思想和言论保存在《孟子》一书中，是儒家经典之一。

首先，孟子继承了孔子“仁”的思想，在政治上，他提倡仁政，并提出了“民为贵，社稷次之，君为轻”的具有革命性的伟大思想。与这种仁政思想相对应的是以“德”治国，以“礼”治国。他提出了“性善论”的观点，认为人本性善良，通过对人们进行道德和礼仪的教育，就可以达到治国的目的。对人性的理解使两家学派产生了截然不同的治国策略，不同的哲学思想，同样，孟子的“性善论”也影响了他的美学思想，是他提出“人格美”观点的基础。

孟子在《告子上》一篇中，曾对美感做过一段论述，他从实际中人们的感受出发说，人们的口舌相同，所以都喜欢吃易牙（齐桓公的宠臣，擅长烹饪）做的食物；人们的耳朵相同，所以师旷（晋国乐师）是人人喜欢的音乐家；人们的眼睛相同，所以都认为子都（传说是古代一位美男子）是美人；人们的心相同，所以人们对于“理”和“义”的追求也是相同的。虽然人们对美

【图7】　孟子

的感受不仅具有相同性，也会因为环境、个体等的不同而形成差异，但孟子看到了口舌、耳朵、眼睛等感觉器官是人感受美的生理基础，这是十分合理的。

孟子在对美感的论述中有一点也是值得注意的，他认为人的心是相同的，所以对于“理”和“义”的追求也是相同的。可见，孟子论述美感也包含着他的人性善的观点。而其中的“义”也是他“人格美”理论中的重要一点。

人格美的中心就是，人生来就有善心和仁、义、礼、智的道德观念。在孟子看来，“仁”是指“恻隐之心”，也就是理解、关爱别人的心；“义”是指“羞恶之心”，即羞耻心；“礼”是指“辞让之心”，这是让人要讲究礼仪；“智”是指“是非之心”，是说人要能分辨对错。这是一个具有美好人格的人所要具备的道德品质。

【图8】 [清]康涛《孟母断机教子图》(局部)

孟子虽然认为人生来就有善心，但善心只是这些道德品质的基础和发端，要具有仁、义、礼、智这样的高尚道德，还需要经过个人的学习和修养。孟子将道德的修养分成了“善”“信”“美”“大”“圣”“神”六个等级。“善”是指可以满足人的欲望，“信”是指言行一致，“美”是指做到了仁义礼智，“大”是指人的道德人格使人敬仰，“圣”是指用自己的道德品质去影响、感化其他人，“神”则是说圣人为什么可以用道德感化别人，这是十分神秘的。其中“圣”是很重要的，孟子认为“圣人”不仅具有道德修养和人格美，还能用自己的人格美教育别人，对社会风尚产生影响。历史上孔子、孟子等人物，他们不仅具有深刻的思想、高尚的品格，而且还能用自身的人格美去感化其他人，甚至还影响着几千年后的人们，因此被称为“圣人”。

另外，作为一种修养的方法，孟子还提出了“养气”的观点。孟子说：“我善养吾浩然之气。”这种“浩然之气”是一种无所畏惧、勇往直前的精神，是一种豁达乐观的心胸，是一种积极向上的精神力量。而这种“浩然之气”要通过对仁、义、礼、智等品德的学习和修养才可以“养”成。从这一点看，这是对人格美理论的补充和发展。

孟子将“仁、义、礼、智”作为人格美的标准对后世的影响是显而易见的。这四点被西汉哲学家董仲舒发展为“仁、义、礼、智、信”五方面，后人称之为儒家“五常”，成为中国道德伦理教育的重要思想。

孟母三迁

孟子是鲁国贵族孟孙氏的后代，但是幼年丧父，家境贫寒。相传，孟子的母亲十分贤惠，辛劳地抚育着年幼的孟子。为了给孟子创造良好的学习环境，孟子的母亲曾三迁其家，最后找到一个读书人做邻居，这就是“孟母三迁”的故事。在母亲的精心教导和良好环境的熏陶下，孟子自幼勤奋好学、刻苦自励，终于成为一代学者（图8）。

【图9】 荀子

荀子：美在内涵

荀子（图9），名况，字卿，西汉时因避汉宣帝刘询讳，“荀”与“孙”二字古音相通，故又称孙卿。荀子是战国时期著名的思想家、政治家，儒家代表人物之一。在对于美的观点上，荀子继承并发扬了孔子的思想，也是从社会的“礼”的角度出发，讨论了对于人的审美，提出了“化性起伪而成美”的命题。但是荀子是唯物主义哲学家，他的美学思想是以其唯物主义思想为基础的，这也是他的思想伟大而光辉的基本原因。

唯物主义与唯心主义相对，认为世界的本原是物质，物质决定意识，意识是对物质的反映。荀子哲学思想中对天人关系的论述，就是唯物主义的。“天”是指自然，天人关系就是人与自然的关系。首先，荀子认为自然界与人不同，它没有意志、没有目的，但却有自己的客观规律，且这种客观规律也是不以人的意志为转移的。荀子说：“天行有常，不为尧存，不为桀亡。”“常”指的就是客观规律，尧和桀都是古代社会中具有代表性的帝王，但是这种规律仍然不会因为尧帝的存在而存在，也不会因为夏桀的灭亡而灭亡。这种规律不会因社会人事的变化而变化。

荀子认为，虽然自然界具有不以人的意志为转移的规律，但是人具有认识能力，因此客观规律是可以被人认识的。人凭借认识能力与外界事物接触，就会获得对事物的认识。人们的感官对于事物有一种感觉，在此基础上，加上思维的作用，“心”对“感觉”进行思考、分析和判断，就形成了对事物的理性认识。

一个人如果不留心观察生活，对再多美好的事物也会视而不见。荀子这一观点在人们欣赏美的过程中起到了十分积极的作用。

关于欣赏美，荀子从社会人事角度出发，讨论了对人的审美。

荀子认为人具有美，但人性天生是恶的，这一点与孟子完全相反。“人之性恶，其善者伪也。”这里的“伪”不是“假的”和“伪装”的意思，而是指“人为”，与自然产生的“性”相区分。他认为人的本性是恶的，只有经过人为的学习和修养，才能变成“善”的、“美”的。而且，人的美不在于外表，而是在于内在品质。因此，荀子十分强调道德修养的重要性。另外，内涵的修养是会渐渐在人的行为和容貌上表现出来的，一个人的道德品质好，他的行为通常都会符合礼仪规范，一个人的学问修养高，他的言谈、表情通常会让人感觉舒心而有感染力。

因此，在荀子看来，人的容貌、举止除了天生的、自然的美丑，还有后天的、社会意义上的美丑。而这种对美的评判标准是从“善”出发的，荀子所说的“美”在很大程度上混同于“善”，就是要符合社会中的“礼”。在这一点上，荀子继承了孔子的思想，他们都从现实的具体生活出发，来对“美”进行界定、评判，并用这个标准来指导人们的行为和生活，这是十分具有现实意义的。

教育是古今中外都在进行，并将一直进行下去的一种必要活动。之所以必要且重要，是因为教育是人对于自身修养提高的需要，社会和谐与发展的需要。因此，无论人的本性是善的还是恶的，都要通过教育和学习提高自身的修养，培养良好的道德品质，这样才能使人们变得更美，使社会变得更美好。孔子与荀子的美学思想在这方面的启示与影响是十分巨大的。

墨子：“非乐”才“美”

美是与艺术紧密联系在一起的，音乐、舞蹈、绘画等都是现在人们喜闻乐见的艺术，但是在古代，人们对于这些艺术是否应该存在并被人欣赏，是存在截然不同的观点的。墨子持反对态度，提出了“非乐”的主张。而儒家的荀子对墨子的“非乐”又进行了批判。他们是从不同的角度出发，得到了不同的结果，都有其合理性和局限性，也都促进了人们对“美”的更进一步的思考和研究。

墨子，名翟，战国初期著名的思想家、教育家，墨家学派的创始人。有《墨子》一书传世。据史料研究，墨子的先祖是贵族，但是经过政治变化，墨子出生时，墨氏已沦为平民。墨子开始跟随儒者学习儒家典籍，后来因不满儒家烦琐的礼乐制度而放弃了儒学，逐渐形成了自己的墨家学派。他创立了墨家学说，提出了“兼爱”“非攻”“非乐”“节用”等观点。

墨子认为，统治者如果喜好音乐，会使很多人来从事音乐、舞蹈的表演，这样就会导致很多男人脱离劳动生产，很多女人荒废纺织之事。而妨碍了劳作和纺织，人民就会衣食不足，从而造成社会的混乱和国家的灭亡。同样，为了维护劳动人民的利益，墨子也反对文采美饰。因此，他提出了“非乐”的主张。可以看出，墨子的思想是站在农民或小生产者的角度提出的。

荀子对墨子的“非乐”思想是批判的。墨子认为统治者喜好音乐会造成人民的贫穷和国家的动乱，而荀子却认为墨子并没有找到国家“穷”和“乱”

的真正原因。荀子认为“群而无分”才是社会不和谐的真正原因。人们必须要合群，才能共同生存，但没有等级名分的限制就发生争夺。群而有分，就能产生一个和谐的组织，有了和谐的组织，就能生产出更多的财富。

但是怎样才能做到“群而有分”呢？荀子说要靠礼乐文章。荀子认为，没有艺术、不用美饰就不能够使人民统一；不富足、不丰厚就不能够管理人民；不威武、不强大就不能够禁止暴力。因此，人民归顺、国家强大离不开艺术的辅助。人生而有喜怒哀乐之情，这种情感欲望无法被取消，但是任其发展，又会产生“争”“乱”等现象。而“乐”是体现“道”的，是“道”对人的情感欲望的节制和规范，因此，可以通过“乐”来对人的情感欲望加以节制。荀子认为，“乐”通过对人体中的血气产生影响，使人“血气和平”，进而使社会秩序达到“和”。在荀子看来，墨子的“非乐”不仅不会使人民摆脱贫穷、国家防止动乱，反而会造成“群而无分”，社会“争”“乱”“离”“穷”。

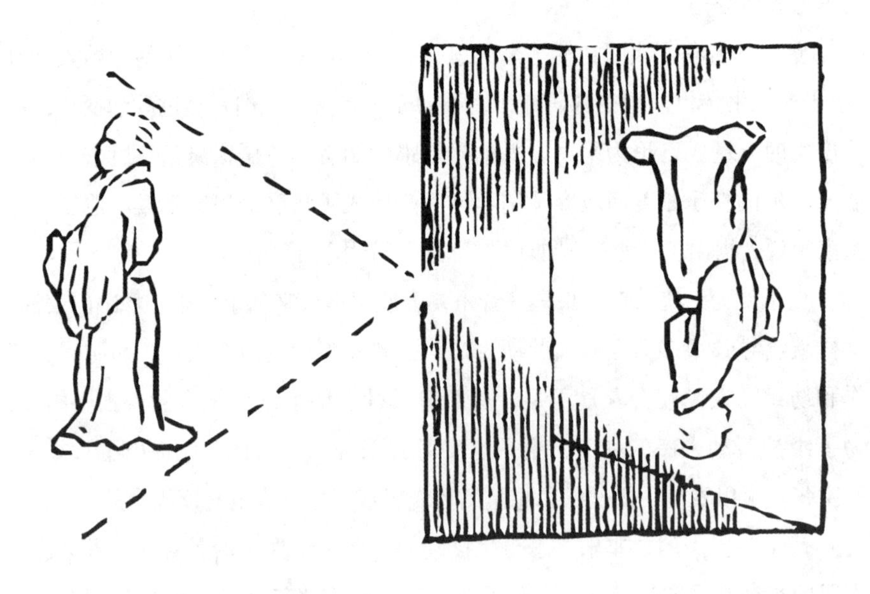

【图10】《墨子》中记载的“小孔成像”

现在，音乐、舞蹈等艺术已经是人们生活中所不可缺少的，正如荀子所说，好的音乐、舞蹈等会起到陶冶人的情操、促进社会和谐的作用，它们被称为艺术。诚然，如果沉迷于内容不积极健康而徒有艺术形式的“艺术”，不加节制，则也会像墨子所担忧的，影响正常的生产和生活。墨子和荀子虽然对音乐等艺术持有不同的态度，但都具有一定的合理性，在如何欣赏“美”，欣赏怎样的“美”的方面给了人们启示。

墨家学派

墨子，一般认为是一位出身于手工业者的平民思想家。和墨子一样，墨子门徒一般也都出身平民，由于生活穷苦，需要相互帮助和随时救济，于是墨子将自己的众多门徒按地域或行业结成一个个严密的团体，其首领被称为“巨子”。这些严密的团体遵守严格的纪律，积极奉行墨子的主张。墨家弟子们有强烈的实践精神，吃苦耐劳，严于律己，把维护公理与道义看作自己的责任，一如《墨攻》中的那个墨者。墨家弟子大都是手工业者，他们精研技艺并将这些技艺应用在实践中，因此，对战国时期我国科学技术的发展也做出过积极的贡献，凝结墨家思想的《墨子》一书中就记载了“小孔成像”（图10）等物理学方面的科学成就。

【图 11】 《孔子圣迹图》之《在齐闻韶图》

《乐记》：儒家的音乐圣典

《乐记》一书是对于孔子以来儒家音乐美学思想的系统总结（图 11）。它归纳了前人对于音乐艺术的看法，形成了具有系统性的观点，提出了多个美学命题，深刻影响着后世对音乐等艺术的欣赏与创作。

关于它的作者和成书年代，历来有两种说法，一种认为是战国时期孔子的再传弟子公孙尼子所作，另一种认为是西汉文学家、经学家刘向整理编订的，至今尚未定论，但其主要思想来源于先秦诸子是无疑的，尤其是儒家关于音乐的论述。《乐记》中谈到了音乐的起源、音乐的本质等问题，儒家的荀子曾提出了“礼辨异，乐和同”的命题，涉及礼、乐对于社会生活的作用，而对这个问题的讨论也成为《乐记》美学思想的主干。

音乐艺术的产生和本质，是研究音乐艺术不可回避的问题。《乐记》中说，“凡音之起，由人心生也。人心之动，物使之然也”。作者认为，音乐等艺术是在人心中产生的，是人心中情感的表达，而人的情感则是由外界事物所引起的。这正是因为，音乐等艺术是人们情感的表达，即便出于其他原因而刻意为之，至少也会受到人内心情感的影响。

音乐是人心受到外物的影响而产生的，其中还包含了一个由自然的“声”到审美的“音”的转化过程。虽然音乐是人情感的表达，但是人因不开心而哭泣时的声音算不算音乐呢？显然不是。《乐记》中指出，不加修饰、没有节奏、不合乎旋律的声音只能叫作“声”；而“声”有了形式变化，合乎规律之后就成了“音”；“音”再加以舞蹈动作的表演，就成了“乐”。这样通过形式的不同，“声”“音”“乐”被区分开来，“音”和“乐”成为审美对象。

《乐记》对于音乐不仅从形式方面做了规范，在社会性质方面也做出了规定。《乐记》中说“乐者，通伦理者也”，也就是说，音乐要符合社会的伦理道德。这种思想在孔子、荀子那里已经有所表现。

既然人的思想感情是受外界事物的影响而产生的，音乐又是人的思想感情的表现，那么音乐必然与外界事物有着密切的联系。所以，社会政治状况作为外界事物的一方面，也会因影响人们的思想感情而在音乐中表现出来。“治世”“乱世”“亡国”三种情况下的音乐是截然不同的，太平治世的音乐安定、平和，乱世的音乐哀怨、愤慨，亡国之时音乐则忧伤、反思。因此，不同特点的音乐能够反映出社会政治的盛衰得失。历代封建统治者都十分关心和重视音乐，他们可以在一定程度上从音乐中了解当时的政治风俗。

音乐不仅能反映社会生活，而且也对社会生活产生一定的影响。关于音乐对社会的作用，《乐记》也做了详细的论证，这成为《乐记》的中心思想和主题。

“礼”和“乐”不仅在社会作用方面相互补充，而且在内容方面也是紧密联系的。“乐”要体现“礼”，符合道德和规范，才是被提倡的。另外，《乐本》一篇中写道：“礼以道其志，乐以和其声，政以一其行，刑以防其奸。礼乐刑政，其极一也，所以同民心而出治道也。”这说明“礼”“乐”同“刑”“政”也是相辅相成、不可分离的。它们目的相同，共同维护着国家统治与社会生活。但是，“乐”有它自身的特点和优势。“乐”是人内心情感的一种表现，同时，“乐”也可以影响人的情感思想，起到感化人心的作用，与“刑”“政”相比，这样的影响和教育作用是具有根本性的。艺术可以陶冶人心，这也是几千年来，艺术依然在社会生活中不可或缺的重要原因。

《周易》：以哲学思想奠基美学思维

《周易》是我国一部古老的哲学著作，从汉代起就成为儒家的经典，是“五经”之一。但关于它的作者，至今没有定论。《周易》中虽然没有直接谈到美学，但是它的思想为中国古典美学奠定了基础，其中用“象”来表示世界中的事物，就是意象理论的来源。

从本质上来讲，《易经》是一部关于“卜筮”之书，其中最基本的也是最主要的就是“八卦”，它是我国古代的一套有象征意义的符号。用“—”代表阳，用“--”代表阴，用两个这样的符号，组成八种形式，叫作八卦（图 12）。“乾、坤、震、巽、坎、离、艮、兑”这八卦代表着万物不同的性质，根据事物的不同性质可以将万物归入到相应的类中。例如“乾”代表着“健”，“坤”代表着“顺”，“震”代表着“动”，等等，因这八种性质可以用“天、地、雷、风、水、火、山、泽”的特征来表示，所以“乾”又代表天，“坤”代表地，“震”代表雷，等等。

八卦，以及重叠后的六十四卦，都因为本卦所代表的基本性质而将万物中具有相似性质的事物归入其中，这样每一卦都可以象征某种自然景物、人物、人体、动物及方位等。有了这样一个象征系统，可以说世界的万事万物都可以包含在其中。因此，人们就可以通过这卦象来卜筮到事物的发展与吉凶。

说《周易》为中国美学奠定了基础，重要的一点就在此。《周易》用卦来代表客观世界中的物象，卦具有了象征作用。这样，万事万物的变化发展就

【图 12】 八卦镜

可以用卦象来表示。《周易》中突出了“象”，为以后出现的意象理论奠定了基础。“意象”简单说就是艺术家在进行艺术创作时，根据外界的事物形象和环境，结合自己所要表达的心境和意志，创造出来的作品中的形象。这种意象就是对客观世界中物象的象征，与《周易》中用卦象来象征性质相同，它们都是对天地万物形象的反映和模拟。

《周易》不仅提供了用符号来象征实物的方法，强调了“象”，还提出了“立象以尽意”和“观物取象”的命题。

“立象以尽意”是指通过“象”可以充分表达人们的意念。因为语言多包含着概念之词，多是叙述、判断的话语，较为抽象，甚至有时候不容易将特殊的性质表达清楚。有时候人的思想、感情也很复杂、微妙，只可意会不可言传，因此想要用语言表达清楚，就有一定的困难。《周易》中认为，形象可以“尽意”，可以充分表达人们的意念。形象与语言相比，具有完整而生动的特点。而且意象是具体的、显露的，是变化多端的。人们通过意象，更容易体会作者想要表达的意义。

除此之外，《周易》中的八卦本身就符合形式美的原则，具有美感。八卦是两两相对的，不仅意义上相对，符号上也相对。而且八卦的卦形不只具有左右对称关系，还具有上下颠倒关系，这都表现出一种对称美。八卦之间也表现了一种阴阳变化的圆周运动关系，这可以用数学精确计算出来。《周易》的六十四卦的卦序从坤到乾表现出二进制规律。由此可见，《周易》不仅表现出了视觉感性之美，而且蕴含着思维理性之美。

《周易》作为一本古老的卜筮之书、哲学著作，不仅内容本身具有美感，而且也为中国古典美学奠定了基础，是中国古典美学上不可缺失的一环。

【图 13】 [明] 周臣《毛诗图》

“无邪”的《诗经》

《诗经》是我国文学史上最早的诗歌总集。收录自西周初年至春秋中叶大约五百多年的诗歌。(图 13)按体裁与内容的不同，分为风、雅、颂三类，其中风有 160 篇，雅有 105 篇，颂有 40 篇，共 305 篇，因此又取其整数，称为《诗三百》。一般认为，各诸侯国为了了解民情，派专门的人到各地采集民歌，采集来的诗歌又由史官和乐师汇集整理，相传孔子也参与了这些诗歌的整理工作。孔子认为《诗三百》中的诗具有温柔敦厚的特点，能够教育和净化人的心灵，让人“无邪”，因此，他常用诗来教育自己的弟子，把《诗三百》作为立言、立行的标准。西汉时，《诗三百》被尊为儒家经典，始称《诗经》。《诗经》中内容丰富，涉及劳动、爱情、军事、祭祀等诸多方面，全面反映了周朝的社会生活，以及中国奴隶社会从兴盛到衰败时期的历史面貌。

关于《诗经》，孔子提出了著名的“兴”“观”“群”“怨”说。对此虽然历代儒学者的解释不完全一样，但也有接近的地方。综合他们的解释，能够对这组概念有大致的理解。

“兴”是指诗歌可以使读者的精神感动、奋发。诗歌是人精神思想的表现，也能够对读者产生影响，是人与人之间精神交流的一种工具。诗歌中对美好生活的歌颂往往能对读者起到鼓舞作用，而对黑暗生活的揭露也能引起读者的愤慨，进而使读者为新生活奋起努力。

“观”是说通过诗歌可以对社会生活、政治风俗有一定的了解。诗歌，尤其是来源于民歌的诗歌，多是人们对社会生活真实的反映，人们通过诗歌可以了解到生活中及政治情况的某些方面。另外，诗歌在写作过程中往往融合了作者的志向、感情，因此，通过诗歌也可以看出作者的思想。

“群”是指诗歌可以在社会人群中进行情感交流，从而促进社会的和谐。诗歌具有这样的作用，也是建立在诗歌是人情感的抒发这一基础之上。作者通过写诗表达情感，读者在读诗的过程中感受情感，同时在一定程度上，被作者的思想所影响，这就实现了不同人之间的交流。

“怨”简单来说是指，通过表达对政治的不满，来引起统治者的注意，以促进统治者的改进。凡是表达对生活或政治的否定性的情感都可以叫作“怨”。

可以看出，《诗经》，也就是诗歌，能具有“兴”“观”“群”“怨”的社会作用，可以说都是基于“兴”。“兴”侧重诗歌情感的表达与传播，在这过程中，人们的精神一定程度上可以受到感发、激励，达到净化和升华作用。而且正因为诗歌是人情感的表达，同时可以引起读者的情感奋发，所以才能通过诗歌了解人的感情和社会生活状况，增进人之间的交流，以表达不满情绪来促进政治及社会的改进。孔子提出的“兴”“观”“群”“怨”都是从社会角度出发来说的，孔子主张入世，他对美的标准也是与社会生活紧密联系的。孔子曾总结：“诗三百，一言以蔽之，曰：‘思无邪。’”“思无邪”就是让人们的思想温柔敦厚，这样诗才能起到“兴”“观”“群”“怨”的作用。因此，可以推知，在孔子看来，只有教育人“无邪”的，温柔敦厚的，能够起到“兴、观、群、怨”作用的诗歌才是美的诗歌。

屈原和他的“香草美人”

屈原，名平，字原，战国时期楚国人，著名的爱国主义诗人、浪漫主义诗人。他自幼胸怀大志，并且勤奋好学，早年受楚怀王信任，为官，管理内政外交大事。对内主张修明法度，改革政治，对外主张联齐抗秦。在屈原的努力下，楚国的国力有所增强，但是这些改革触及了一些贵族的利益，遭到了他们的排挤，而且楚国的一些人受到秦国使者的贿赂，阻止楚怀王接受屈原的改革意见，因此，屈原遭到了楚怀王的疏远，后来被流放。不久，楚怀王被秦国诱去，囚死秦国，秦国攻破了楚国国都，屈原的政治理想彻底破灭，在汨罗江投江自杀。传说屈原投江后，当地百姓划船捞救，一直到洞庭湖，始终不见屈原的尸体。人们怕江河里的鱼吃掉他的身体，就纷纷用苇叶包了糯米饭投入江中，也以此来祭祀屈原。后来在每年五月初五这一天，形成了赛龙舟、吃粽子的习俗，这是端午节来历的一种说法。

在流放期间，屈原写了很多抒发自己爱国情感和理想抱负的诗歌，这些诗歌内涵深刻且想象奇特，比喻新奇，是中国浪漫主义诗歌的发端。屈原也因此是中国最早的浪漫主义诗人。屈原运用楚地的文学样式、方言声韵来写诗，具有浓厚的地方特色，这种新诗体被称为楚辞（图 14）。

《诗经》中的“风”可以说是现实主义诗歌的发端和代表，而屈原的代表作《离骚》则是中国浪漫主义诗歌的发端和代表，它们都对后世的诗歌创作产生了积极深远的影响，被合称为“风骚”。

【图 14】　刘凌沧《天问图》

屈原在美学上的贡献主要在于对诗的抒情作用的强调，以及对浪漫主义诗风的开拓。

屈原是有自己的政治理想的，他忠君、爱国，坚守正义与操守，勇于追求真理，但是在当时的社会环境下，楚国力量不如秦国强大，楚怀王、楚襄王又昏庸无能，因此屈原的悲剧是必然的。无法实现自己的政治理想，屈原只能在诗歌中排解自己心中的愤懑之情。他在诗中表达了遭受排挤、壮志难酬的悲愤心情，有时是直抒胸臆，有时则将这种感情寄托于景中，或者运用象征的手法，借写其他的事物来抒发，达到了较高的艺术程度。后来，西汉史学家司马迁在《史记》中评价屈原是“发愤著书”。诗歌本就是人情感的表达，而人处在逆境中，遭遇挫折时，更容易情绪充沛而激动，因此就容易进行作品的创作。

《离骚》中大量提及香草，这些香草象征着人的高洁人格和美好品德，它作为装饰，丰富了美人的意象。美人，一般来说用来象征君王，有时屈原也自比喻为美人，因为屈原在诗中常常自拟为弃妇来抒情，借以表现得不到君王信任与重用的情况。香草与美人结合起来，表达出屈原对高洁品格的坚持，以及对开明君主的期盼。“香草美人”的象征，是屈原的创造，也成为楚辞中典型的象征意象，它们使诗歌更加生动形象。

屈原是中国历史上第一位浪漫主义诗人，他所开创的浪漫主义诗风对后世产生了极为深远的影响，唐代著名诗人李白诗歌创作中的浪漫主义继承的就是屈原的浪漫主义传统。这一传统是中国美学上不可缺少的一环。

独领“风骚”

文学界把《诗经》中的“国风”与“离骚”并称为“风骚”，认为《诗经》是中国古代现实主义文学的源头，而楚辞是中国古代浪漫主义文学的源头，对中国文学、文化都产生了十分巨大而深远的影响。

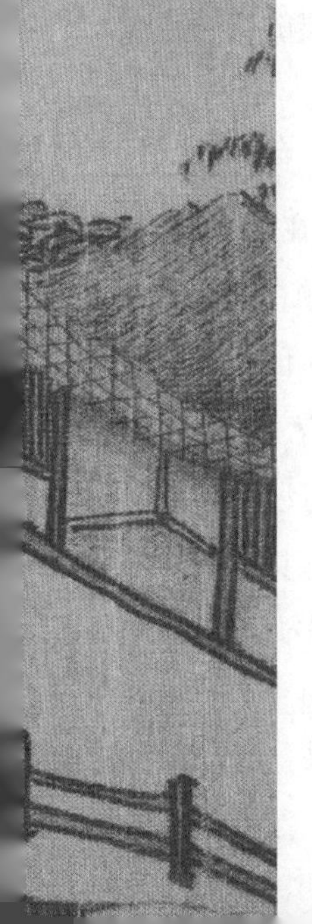

第二章

汉风即起：过渡时期的中华美学

（前 202—220 年）

汉代美学是先秦美学和魏晋南北朝美学之间的过渡。汉朝建立以后吸取秦灭亡的教训，较为注重文化建设，儒家、道家等先秦重要学派都在前代的基础上有了发展，由屈原建立的楚辞美学也有了较大发展。《淮南子》中的形神论及王充的自然元气论，诱发了魏晋南北朝时期美学对于老庄美学的回归，起到了过渡作用。

《淮南子》中的美感初探

《淮南子》是西汉淮南王刘安组织他门下的宾客集体编著的一部论文集。刘安是汉高祖刘邦的孙子，他才思敏捷，好读书，善文辞，是西汉的思想家、文学家。《淮南子》又名《淮南鸿烈》，据曾为这本书作注的高诱说，“鸿”是广大的意思，“烈”是光明的意思，意味本书包含着广大而光明的知识、道理。全书融合了儒、墨、道、法等多家思想，内容庞杂，一般被列为杂家，但它的主要倾向接近道家的老子学说。

《淮南子》包含着重要的美学思想，很多内容直接涉及了美和美感的性质，在当时的年代，这些论述十分具有先进性，对后来人们关于美的研究产生了极大的影响。

《淮南子》认为美和丑都是客观的，人们并不能随心所欲地加以改变，例如，人们认为花儿是美的，泥土是丑的，这是花儿和泥土客观存在的性质，不会因人的意愿而改变。《淮南子》中说，美玉掉在污泥中也是美的，破瓦器放在精美的褥子上面也是丑的。虽然美丑是客观的，但也不是绝对的。再美的事物也有丑的地方，再丑的事物也有美丽之处。罂粟花虽然外表很美丽，却可以制成毒药而对人有害；泥土与花儿比较，外形丑陋，但是可以使庄稼和花草生长，从这一点看，泥土也有它美丽的地方，因此，美丑是具有相对性的。虽然美丑是相对的，但是为什么人们都觉得玉是美的而石头是丑的呢？因为，尽管美丑是相对的，但是仍然具有质的规定性。美玉因为质地温

【图 15】　嘉峪关墓壁画

润，色彩美丽而被人们认为是美的，石头多因外表粗糙，颜色暗沉而被认为是丑的，这种质的规定性使美丑有了一般性的区分。

《淮南子》还指出，一个事物自己可以有美与丑的区分，它在与其他事物的关系中，也会扮演着或美或丑的角色。这是因为有些特征孤立起来看，是无所谓美丑的，美丑也在于整体形象。

除了对美的特征和性质作出论述，《淮南子》还从人的角度出发，将人对于美的感受作了阐释。比如，耳朵和眼睛是感受美的器官，人们依靠耳朵和眼睛对美的事物进行欣赏，但是仅仅靠耳朵和眼睛，并不能得到美感，还需要“心志知忧乐”“气为之充、神为之使”。也就是指出了对美的感受，还要依赖心志和“气”“神”等精神和心理的活动。眼睛看到了美丽的花朵，耳朵听到了美妙的乐曲，充满“气”与“神”的心感受和欣赏这样的美，人们才会感受到美。《淮南子》中认为“形”“神”“气”三者之间有着内在的联系，身体是人生命的房舍，气是生命的实质，精神则是生命的主宰。因此，精神是身体的主宰。将这一观点运用到艺术领域中，提出了“君形者”的概念，“君形者”就是指精神，艺术如果没有“君形者”，就不能使人产生美感。由此可见，美的事物包含着一种使人产生美感的精神，这是它之所以美的重要原因。

另外，《淮南子》中还涉及美与人的劳动创造的关系（图 15）。清醯之美，始于耒耜。“醯”指美酒，“耒耜”是古代的一种农具。这句话的意思是，清醇的美酒，是来自耕种后获得的谷物。也就是说，人们用工具进行劳动生产，从而创造出美的事物。将美与人的社会劳动联系起来，这在当时是十分难能可贵的。

董仲舒和他的“天人感应”

董仲舒，汉广川（今河北景县广川镇）人，西汉著名的思想家、哲学家。他将儒家伦理思想概括为“三纲五常”，以儒家思想为依据，将宗教天道思想和阴阳、五行结合起来，吸收道家、法家、阴阳家的思想，建立了一个新的思想体系，对当时社会、政治上的问题进行了系统的回答。他提出了“君权神授”“天人感应”“罢黜百家，独尊儒术”的主张，得到了汉武帝的支持，儒家思想从此就成为国家的统治思想。董仲舒的思想集中体现在《春秋繁露》一书中。

他认为天创造了万物，是万物之祖，当然也包括人。而且天是有意志的，和人一样有欢喜和悲伤的情绪，天与人是相合的，人的形体、骨肉、耳目、血脉等都是与天、地、日、月等自然景象相关联的，因此可以做到“天人感应”，自然界的变化预示着人类社会的某种变化。董仲舒由此认为，天生万物都是有目的的，天的目的在于统一，皇帝受命于天来进行统治，大臣受命于国君。家庭里，儿子受命于父亲，妻子受命于丈夫，这一层层的统治关系，都是遵照天的意志。这一思想对社会秩序的维护是极为有利的，因此得到了当朝皇帝的认可，产生了极大的影响。

从美学角度看，首先这一思想具有浓郁的美学意味，它将天这一自然景物人格化了，赋予它生命、情感，将它神秘化、审美化（图 16）。另外，这种天人感应、天人合一的哲学思想也是中国古典美学的重要哲学基础。例如

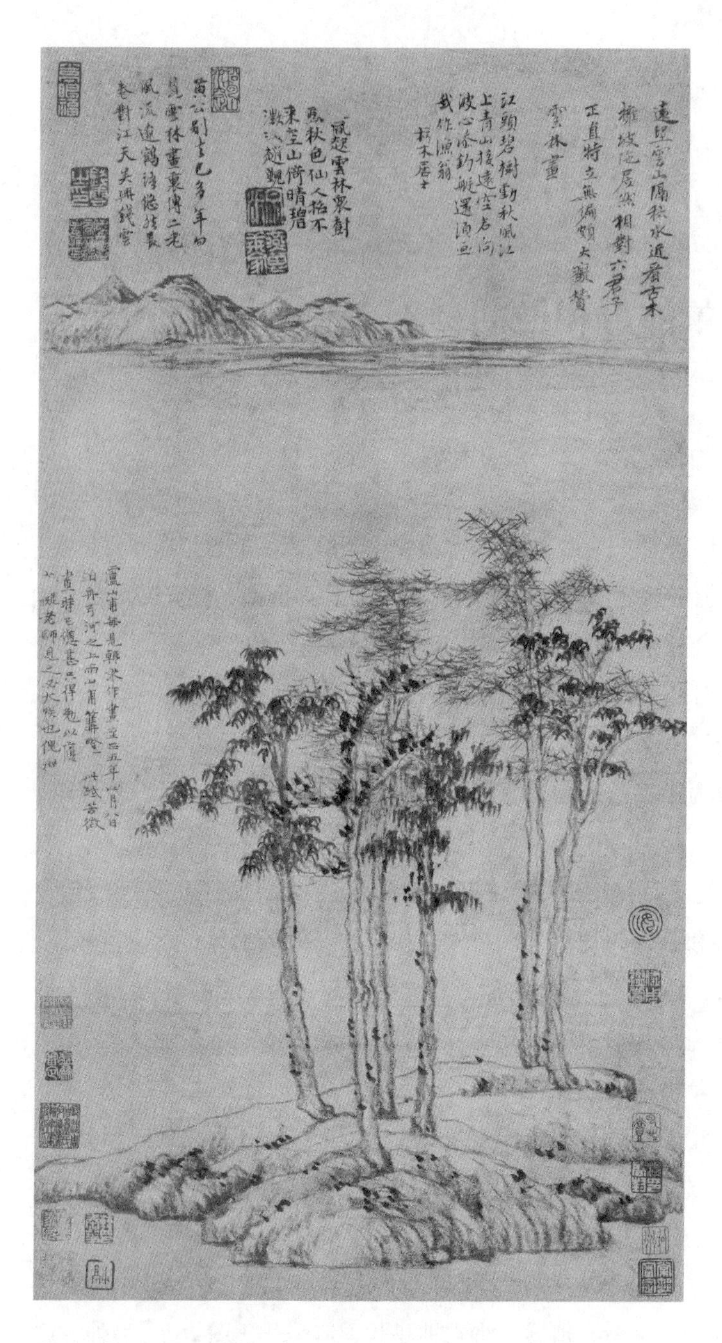

【图 16】［元］倪瓒《六君子图》（该画以伫立于水边的六棵树，比喻远离世俗的“六君子”）

董仲舒说："喜气取诸春，乐气取诸夏，怒气取诸秋，哀气取诸冬，四气之心也。"这是说人的喜怒哀乐的情感与春秋冬夏的自然变化息息相关，感情是在景物的影响下产生的，这就是情由景生的美学理论。有什么样的景就会产生什么样的情。看到春天柳树发芽，夏天百花盛开，人们的心情往往也会明朗、欢快，到了秋天树叶凋零，冬天萧条昏暗，心情也会随之低落暗淡。这种影响虽然是轻微的、难以感知的，却是客观存在的，已成为人之常情。这种影响早在汉代就被董仲舒认识到，并上升为哲学理论，这是十分可贵的。

董仲舒的"天人感应"论是"天人合一"思想的重要组成部分，而它们是中国古典美学的哲学基础，对审美产生了巨大的影响。审美是人对物的一种观赏活动，是人用心感受物的过程。这就涉及物与人两方面的交流与融合。"天人合一"在"天人感应"的基础之上强调两者的融合，是一种人与大自然亲密无间、融为一体的境界，而这种境界也正是审美过程所追求的境界（图17）。人在对某一事物进行审美时，要想真正体会到事物的美，就要在欣赏过程中做到排除杂念，细致观察和感受这一事物，在这一过程中达到"忘我"的状态，物我合一，才能达到审美的最高境界。这种境界也可以说是"天人合一"的境界。

"天人合一"的境界不仅是人对事物进行欣赏时所要达到的境界，也是艺术家在进行艺术创作时所要达到的境界。艺术家创作时只有将这种"天人合一"的融合感表现出来，才能使作品具有一种与世界联通的自然而具有生命力的意蕴。"天人合一"的思想，对后世的绘画、诗歌创作与欣赏都产生了深远的影响。

【图 17】［明］文徵明《松石高士图》

董仲舒提出“罢黜百家，独尊儒术”

自西汉时代开始，中国社会的主流思想是儒家思想，孔子因此取得了在中国文化史上的特殊地位。熟读儒家经典、谨遵儒学教诲的学者们成为中国古代典型的读书人形象。这一切都是因为董仲舒的“罢黜百家、独尊儒术”的主张被汉武帝采纳。那么，董仲舒为什么要在这个时候提出“罢黜百家、独尊儒术”的主张呢？

原来，西汉进入董仲舒生活的汉武帝时代，已经过去了70余年，随着社会经济的恢复，一方面汉朝的国力也在不断地增强，统治地位日益巩固，雄才大略的汉武帝希望依此国力大展宏图，有一番作为，需要由思想上的统一来巩固政治上的统一；另一方面，经济发展也带来了社会矛盾的积累，有很多的社会矛盾需要解决，使得西汉初年统治者为恢复经济而采取的“无为而治”的思想不再适应形势的需要，需要新的思想来代替。在此背景下，董仲舒将战国以来的儒家思想、阴阳家思想等相互融合，创立了新的儒家体系，这个儒家体系继承了孔子“仁”的思想，又提出了天人感应和恢复礼制主张，适应了汉武帝强化等级制度、树立其权威的需要，也有利于规范当时的社会秩序，缓解社会矛盾。因此，董仲舒的这一思想一提出，就被汉武帝采纳了。从此，儒学在中国古代社会中取得了独特的地位，被历代统治者所遵从，对中国社会的思想文化产生了无比深远的影响，从此儒家思想几乎无时无刻不在塑造着中国人的思想。

【图 18】 ［唐］周昉《演乐图轴》

君子如玉，刘向说美

刘向是西汉的文学家、经学家，是汉高祖刘邦的弟弟刘交的四世孙，曾做官，也曾入狱，被免为庶人。刘向因为撰写《别录》而成为我国目录学之祖，著名的《楚辞》也是刘向在前人的基础上整理的。

《说苑》是刘向的散文作品，记述了春秋战国至汉朝的一些历史故事和传说，并带有作者的议论。其中有许多关于治国安民的哲理格言，主要体现了儒家政治理想及伦理观念，其中也包含着丰富的美学思想。

刘向的思想基本上是属于儒家的，他在美学上的主要贡献也在于阐发了儒家的美学思想。儒家很重视礼和乐，刘向继承了这个传统，将礼乐看作是治国之本。因为国家是由人民组成的，治国根本上来说是治人，把人民教育好了，社会生活变得和谐，国家自然就治理得很好。礼乐是人修身的手段和工具，学习礼仪可以让人明白怎样与人相处，学习音乐可以修养人的精神和内涵（图 18）。在封建社会，礼乐是服务于政治和社会的，通过对人们进行礼乐的教育和熏陶，使人们明白应该遵守的秩序，使人们的心情变得平和，从而使政治和社会更稳定。刘向认为，“礼正外”“乐正内”，也就是说，礼只告诉人应该怎么做，而乐是陶冶人的性情，相比较而言，礼是对人外在的要求，而乐是对人内在的影响。刘向是更加注重乐的。因为乐影响了人的情操，也就影响了人的行为。

儒家在美学上的另一个观点，是由孔子提出的“文质彬彬”，影响也很

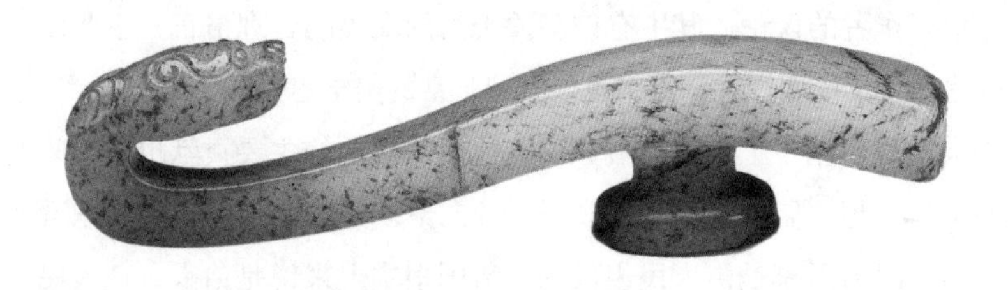

【图 19】 汉代白玉鸟纹佩（上），玉带钩（下）

大，刘向赞同并进一步阐发了这一观点。“文”是指修饰，“质”是指内容、品质。在传统的儒家观点中，“质”是第一位的，但也不轻视“文”。刘向对于“文”则更加强调。关于“文”，刘向特意谈到了人的容貌、衣服和语言。刘向认为，对容貌的修饰使男子更加受人尊敬，女子更加美丽。修饰衣服、容貌等，可以更加悦目，修饰声音，可以更加悦耳。“文”具有悦目、悦耳的作用，更加具有审美性。从刘向对“文”的重视可以看出他对美的重视。

儒家谈论美，都是与社会紧密联系的，关于自然美，儒家提出了“比德”说。孔子曾说“知者乐水，仁者乐山”，就是将山水自然之美与人的品德性情联系在一起。刘向从山水的性质出发，对此作了详细的解释。刘向还谈到了对玉的审美，他指出玉具有外表温润、坚实而有纹理，声音清脆、传播得远等特点，这些特点与君子的德、智、义等品质相对，因此受到君子的青睐（图 19），人们也多以玉来代表君子。这是刘向对于“比德”说的总结。

此外，刘向还提出了一个观点，很深刻。他说：“食必常饱，然后求美；衣必常暖，然后求丽；居必常安，然后求乐。”也就是说人只有在吃饱、穿暖、安居之后才会追求美丽和快乐。从人的经验来看，这是合理的。功利先于审美，只有在保障基本生存的前提下，人们才会有心思去追求更高层次的东西。他认为过分追求美，将很多精力放在对房屋建筑的雕刻、修饰，对衣料布匹的加工、纺绣上，就会影响正常的农业生产和物产制造。虽然刘向是从社会和政治的角度出发提出的功利先于审美的观点，但这不影响这一观点的合理性，而且刘向并没有排斥审美，他看到了审美的基础，正说明了他思想的深刻性。

【图 20】 司马迁雕像

千古一“司马”，发愤始著书

屈原《离骚》中表现出来的美学思想在汉代得到发展，最为重要的是司马迁的“发愤著书”说。

司马迁（图 20），字子长，夏阳（今陕西韩城）人，是西汉时期著名的史学家、文学家，著作了中国第一部纪传体通史《史记》，记述了自上古黄帝至汉武帝时期的三千多年的历史，不仅内容翔实，而且语言生动优美，因此《史记》既是一部史学巨著，同时也是一部了不起的文学著作，被鲁迅评价为“史家之绝唱，无韵之离骚”。

司马迁在《史记》中为屈原立传，对屈原的生平事迹、人格、思想等作了介绍。司马迁应该是十分理解屈原的，他和屈原的人生遭遇有着类似之处，他的人格理想也近似于屈原。

屈原有着自己的政治理想，为官期间，修明法度、改革政治，曾使楚国国力增强。但是后来遭到了贵族势力的排挤和陷害，被流放，无法实现自己的理想和抱负。司马迁的人生同样也不顺利，他接替父亲做了太史令。李陵率军进攻匈奴失败，汉武帝大怒，司马迁因为替李陵辩护而触怒了汉武帝，获罪入狱，并且遭受了宫刑。

在这种相似的人生经历下，司马迁更容易理解屈原内心的情感与思想，他认为屈原作《离骚》就是为了抒发遭到的排斥与陷害，政治抱负无法施展，理想无法实现的愤懑与哀怨之情。《报任安书》是司马迁写给友人的一封回信，在信中向友人讲述了他的不幸遭遇，抒发了自己的愤慨和痛苦。这封信中，他再一次提到了屈原和《离骚》，也说明了忧愁、愤慨等情绪对于文学创作的影响。

周文王被拘禁时推演了《周易》；孔子在困穷的境遇中编写了《春秋》；屈原被流放后创作了《离骚》；左丘明失明后写出了《国语》；孙膑被剔去膝盖骨编著了《孙膑兵法》；吕不韦被贬到蜀地，写作了《吕氏春秋》；韩非被囚禁在秦国，写下了《说难》《孤愤》……司马迁列举了这些圣贤在困厄中著述的例子，得出了《诗经》三百篇也大多是圣贤们为抒发郁愤而写出来的这一结论。他认为人们心中感到抑郁不舒畅，思想不被人接受，抱负无法施展，就写文章以抒发自己心中的郁结，也让后来人了解自己。这就是司马迁的“发愤著书”说。

“发愤著书”说与孔子所说的“诗可以兴，可以观，可以群，可以怨”不同。以孔子为代表的儒家认为，诗歌可以使读者的精神感动、奋发（“兴”）；人们通过诗歌可以对社会生活、政治风俗有一定的了解（“观”）；诗歌可以在社会人群中进行情感交流，从而促进社会的和谐（“群”）；人们也可以通过诗歌对社会政治进行反映和批评（“怨”）。儒家的“诗可以怨”是侧重诗歌对社会政治的作用来说的，而司马迁的“发愤著书”则侧重文章对于人内心情感的抒发。“发愤著书”的前提是内心情感的丰富、强烈。

在文学作品中，很大一部分情况是因为要抒发内心愤慨、苦闷之情而创作的，其中有很多作品因情感的真挚感人而十分优秀。“发愤著书”说不仅概括了这些情况，而且对后世也产生了巨大的影响。

回归老庄，因“气”而美

王充，字仲任，东汉时期著名的唯物主义哲学家。王充的祖上十分显达，王充曾做官，后来罢官在家从事著述，历时三十年，写成《论衡》一书（图21）。

王充的哲学思想最主要的是“元气自然论”。这一理论虽是一种哲学思想，但对后来的美学发展产生了巨大的影响。魏晋南北朝时期，美学上出现了回归老庄的倾向，注重气韵，就是受到了“元气自然论”的影响。

老子认为世界的本原是“道”，“道”中包含着“气”，“气”分为“阴”和“阳”两种，相互作用、融合，产生万物。《管子》四篇中的“精气说”对老子所说的“气”进行了更细致的分析。“精气说”认为“气”就是“道”，是宇宙万物的本体；“精”是精细的“气”。“精”“气”“道”是同一物质。人也是由“气”构成的，“精气”影响着人的生命、精神和智慧，人应该保持“虚静”，以使“精气”积聚。王充在这些思想的基础上，提出了“元气”的概念。

王充认为，“天地合气，万物自生”。“元气”是天地间最为原始的物质，天地万物都是由“元气”构成的。“元气”的厚薄精粗不同，使世界万物形成了多种多样的形态。关于人，王充的思想与《管子》四篇“精气说”的相关说法十分类似，认为“元气”的厚薄多少导致了人性善恶贤愚的不同。“精气”是“元气”中最微小精致的部分，人是由“精气”构成的，因此人具有

論衡卷第一
逢遇篇　累害篇
命祿篇　氣壽篇
正德辛巳四月吉旦
南京國子監補刊完

逢遇篇
操行有常賢仕宦無常遇賢不賢才也遇不遇時也
才高行潔不可保以必尊貴能薄操濁不可保以必
卑賤或高才潔行不遇退在下流薄能濁操遇在衆
上世各自有以取士士亦各自得以進進在遇退在
不遇處尊居顯未必賢遇也位卑在下未必愚不遇
也故遇或抱洿行尊於桀之朝不遇或持潔節卑於

【图 21】　《论衡》书影

智慧。

王充认为天地万物都是由“元气”构成的，“元气”是一种物质，这属于唯物主义的哲学思想，利用它可以对唯心主义性质的神秘的哲学理论进行批判。师旷是春秋时著名的乐师，据说他生来就没有眼睛，但是精通音乐，擅长弹琴，艺术造诣很高，民间流传着很多师旷奏乐的神异故事。传说他曾经为晋平公弹奏清徵曲，引来了玄鹤，玄鹤一边伸着脖子鸣叫，一边排着整齐的队列展翅起舞。然后师旷又为晋平公弹奏清角曲，弹奏的时候，西方的天空聚集了乌云，接着刮起了大风，下起了暴雨，狂风掀翻了宫廷的屋瓦，撕碎了室内的帷幔，各种祭祀的器皿被震破，听音乐的臣子们都吓得逃散了，晋平公也吓得躲在廊室之中。后来晋国三年大旱，晋平公也一病不起。可以看出，关于师旷弹奏音乐的这个小故事带有明显的唯心主义和神秘色彩。王充对此进行了批判。

他认为世界万事万物都是由“元气”组成的，自然的风雨也是“气”的运动，是没有知觉，不受人所控制的。风雨不可能受到音乐的影响，因此王充认为师旷弹奏音乐可以引来狂风暴雨是不可信的。

王充的“元气自然论”具有唯物主义的精神，在科学并不发达，很多现象都不容易被理解的古代是难能可贵的。另外，关于“气”的讨论对魏晋南北朝美学产生了直接的影响。

“斗士”王充与《论衡》对前人的反驳

被董仲舒改造过的儒学体系，在被汉武帝确立独尊地位以后，其中从阴阳五行学说中吸收来的“天人感应”思想和五德终始循环的学说得到了很大的发展，到东汉时期已经造成了神学迷信思想泛滥的局面。也就是在这个神学迷信甚嚣尘上的时代，出现了一位勇敢宣传唯物主义思想的斗士，他就是东汉杰出的思想家王充。而王充与神学迷信斗争的强有力的武器就是他的“奇书”《论衡》。

《论衡》现存文章85篇，内容非常丰富，集中批判当时社会上种种“虚妄”的迷信邪说，鲜明地提出了作者的唯物主义观点。王充在此书中表达出了非常强烈的批判精神，甚至对儒家的圣人孔子、孟子也都不放过，其中《问孔》和《刺孟》两篇文章大胆地揭露了孔子、孟子言行的自相矛盾之处，这在当时是挑战学术权威的行为，是不被社会所容的。这也反映了王充坚持真理而无所畏惧的精神。

王充在《论衡》中提出天地是客观的自然物质，“天人感应”是无稽之谈；人的精神是依附肉体而存在的，人死后，精神失去存在的载体自然也就消失了，人世间没有所谓的神灵，迷信神鬼是没有道理的。《论衡》集中反映了王充彻底的无神论思想，他以事实为依据，运用明晰的逻辑和锐利的语言，不遗余力地对当时的神学迷信思想进行激烈的抨击，对我国古代无神论等科学思想的传播作出了卓越贡献。

一士長獨醉一夫終年醒醒醉還相咲發言各不領

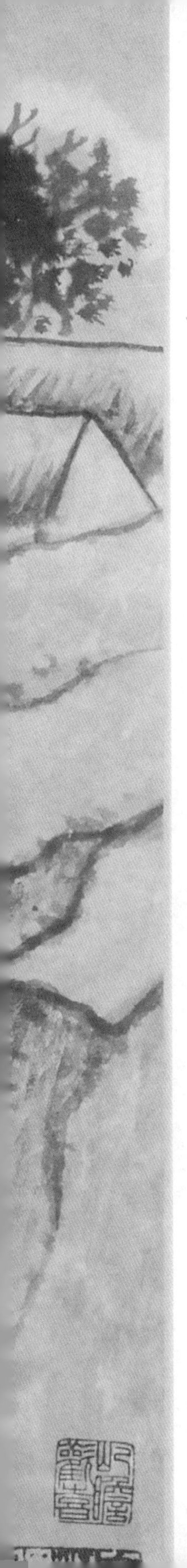

第三章

文艺的自觉：魏晋南北朝美学

（220—589 年）

魏晋南北朝是一个政治大动乱、社会大变革的时期。在文化领域，随着汉朝的灭亡，儒家思想的影响也随之减弱。随着玄学的兴起，知识分子对不同类型艺术的本质或特点进行了探索，创造和积累了大量的文学理论，出现了《典论·论文》《文赋》《诗品》《文心雕龙》等专门论述文学艺术的论文和专著，使得魏晋南北朝成为中国美学史上第二个黄金时代。

【图22】 ［元］佚名《辛毗引裾图》（本图描绘的是辛毗劝阻曹丕不要将冀州十万户士兵家属移居洛阳，曹丕不听，辛毗只好拉住曹丕的衣裾不松手）

文艺范儿的皇帝及其代表作

魏晋南北朝时期，政治和社会动乱，人们多将注意力转移到文学艺术领域。佛、道思想流行，玄学兴起，哲学思想活跃。而且乱世中的战争、死亡等也深深触及了人们的心灵，文人多感受到人生的无常、生命的脆弱，创作出了许多关于生死和隐逸主题的诗文。因此，魏晋南北朝时期，文学艺术十分发达，在美学上亦是如此。不仅产生了许多重要的美学观点，还出现了许多有关艺术的专著。魏文帝曹丕的《典论·论文》是中国文学批评史上第一篇文学专论，也是一篇著名的文艺美学专著。

曹丕是曹操的次子，他不仅是一位皇帝，擅长军政（图22），而且在文学方面也取得了很高的成就。《典论》是曹丕所著的一部政治、社会、道德、文化的论集，其中大部分文章都已失传。《论文》是其中的一篇，因为被选入成书于南朝的诗文总集《昭明文选》而得以保存下来。曹丕在《典论·论文》中对建安文学做了总结，论述了不同文体的特点，作家修养与作品风格的关系等问题。

首先，曹丕从文人相轻这一现象入手，指出不同的人会擅长不同的问题，不能拿自己擅长的去轻视别人不擅长的，由这引出了对四种不同文体风格的分析。曹丕认为，文章的本质是相同的，体裁和形式有所不同。上奏给朝廷的文章应该文雅，论述文体的文章应该说理，记录死者经历和功德的文章应该崇尚事实，诗歌、赋体则应该华美。在这四种文体中，诗赋是纯文学，曹丕认为文学的风格应该“丽”，这与儒家要求文学应该具有教化作用，应该与社会生活紧密联系不同，他更重视艺术本身的特性。

分析了四种文体的不同特点，曹丕指出，“文以气为主，气之清浊有体，不可力强而致”。文章是以“气”为主导的，“气”分为清气和浊气两种，不能够用强力而获得。就像音乐，虽然曲调和节奏是有固定标准的，但是不同的人在弹奏时，所运用的“气”不同，技巧也就不一样，父亲、哥哥掌握了其中的“气”与技巧，也不能够直接传授给儿子、弟弟。

“气”是中国哲学中的重要范畴，不同人对它的解释不同。曹丕在这里所说的“气”，我们可以从三方面来理解。它可以指作家的先天的才气、禀赋，也可以指在先天禀赋基础之上经过后天的学习、培养而形成的人的气质。另外，作家长期以来形成的对世界的体悟，影响着人对艺术的理解和看法，也是一种“气”。不管是哪一方面，都可以看出，曹丕在这里是强调人的主观精神对于文学艺术创作的影响。因为艺术毕竟是由人创作的，就不可避免地受到创作者主观精神的影响，创作者的天赋不同，后天的经历不同，在各种复杂条件影响下形成的世界观、人生观也不同，性格、气质不同，这些反映在作品中，就会使作品带有创作者的影子，各具特色。

接着，曹丕又说：“盖文章，经国之大业，不朽之盛事。”也就是说，文章是关系国家治理，可以流传后世的不朽事业。中国人自古以来就很看重“不朽”，并提出立德、立功、立言“三不朽”。曹丕对文学的这一极高评价也反映了魏晋时期文学艺术地位的提高。

建安以前，中国没有文学评论的专著，人们对文学的论述大多是夹杂在《诗经》《论语》《史记》等这类著作中。《典论·论文》是第一篇，也是从多个方面论述文学的专论，对后世产生了深远的影响。

陆机的“创作心机”

陆机是西晋的文学家、书法家，同时也是一位见解独到的美学思想家。陆机出身名门，《文赋》是其流传下来的最为重要的文学作品（图 23）。这篇著作是为解决文学创作中“意不称物，文不逮意”的问题而写作的，也就是要解决文学创作如何才能用语言来准确地表达作者的心意，表现客观的事物。从这个问题出发，陆机首先论述了文学创作动机的产生。

深入地观察和思考生活，同时学习前人流传下来的经典作品，培养自己的情志。看到四季时节的变化而感叹时光的流逝，看到万物的纷繁而产生丰富的情绪。由自然和社会事物的变化而产生情感和创作冲动。

有了创作的冲动，就要进入构思，在构思中，想象具有很重要的作用。《文赋》对想象的过程和特点进行了描述。首先想象要集中精神，将自身的注意力与外界事物隔绝，这样自己才能在头脑中的世界自由驰骋。想象是没有限制的，突破时间和空间的局限，由此时此刻的情感联想到古今中外与之相关的事物。在想象中，所要描写的事物越来越清晰、丰富、形象，成为一种新的形象。

构思之后就是实际的创作，就要按部就班地安排结构、推敲用词。描写光彩的物象和美妙的音韵，都要使用生动的文辞。意义要用适当的方法表达出来，做到条理清晰、内容丰满且真实可信。

后来，陆机又论述了不同文体的风格特点。其中涉及诗歌的本质。诗

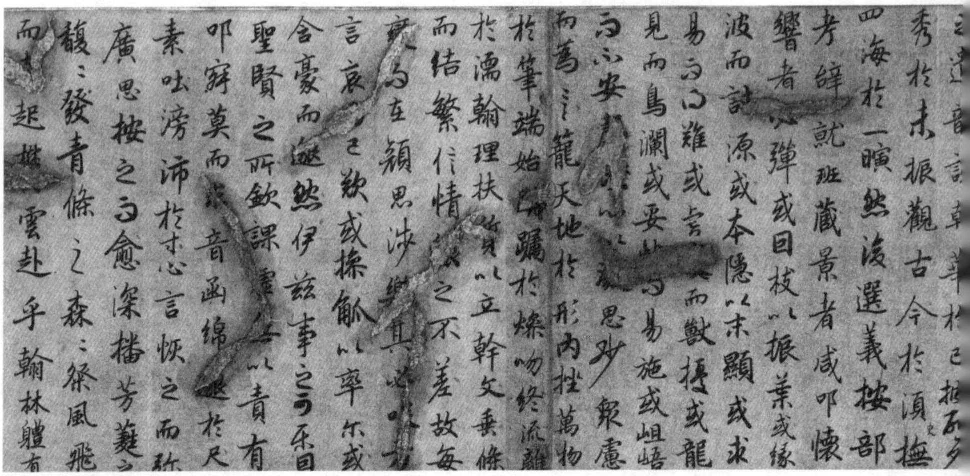

歌长于抒情，因而言辞绚丽委婉；赋长于描述事物，所以要求明快清晰。碑文则要求语辞的内容与风格相称，把握有度。此外，还有对“诔”“铭”“箴”“颂”“论”“奏”“说”等文体的要求。陆机最重要的贡献，是指出了“诗缘情”这一本质，也就是说诗歌是对情感的表达，长于抒情。在这之前，从孔子的时候，就主张“诗言志”，诗歌是对人思想、志向的表达，是与社会生活紧密相关的，应当具有一定的教化作用。“诗缘情”则不同，它更倾向于诗歌的审美特征。从这一点，可以感受到魏晋时期文学艺术的自觉，文学艺术不再附属于社会，附属于教育，人们开始注意艺术本身，这是一个巨大的进步。

陆机在《文赋》中还有关于灵感的论述。灵感是由于人心与外物接触，相互感应而出现的，它可以打开阻塞的思路，到来和消失的时候人们都无法阻止，是突然的，一瞬间的。灵感到来可以使文思犀利，语辞涌现，但灵感是可遇而不可求的。

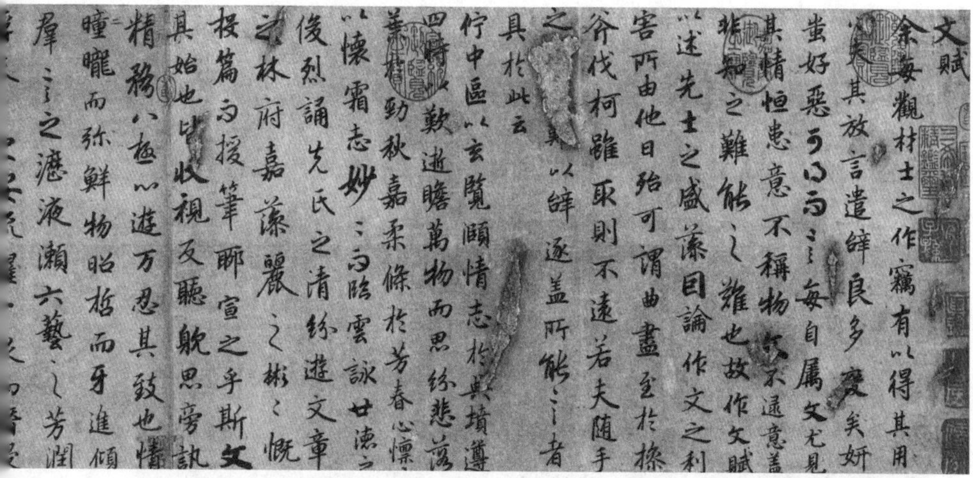

【图 23】［唐］陆柬之《文赋》(局部)

陆逊的孙子陆机

陆机出身名门，祖父是吴国丞相、著名将领陆逊，父亲陆抗也曾任东吴大司马。父亲去世的时候，陆机才 14 岁，与弟弟陆云分别带领了原来跟随父亲的士兵。后来，东吴灭亡，陆机与弟弟退隐在故乡，闭门苦学十年，后出仕西晋。陆机曾做过祭酒、太子洗马等职，太安二年(303 年)，任后将军、河北大都督，率军讨伐长沙王司马乂，却大败于七里涧，终被谗害，死于军中。

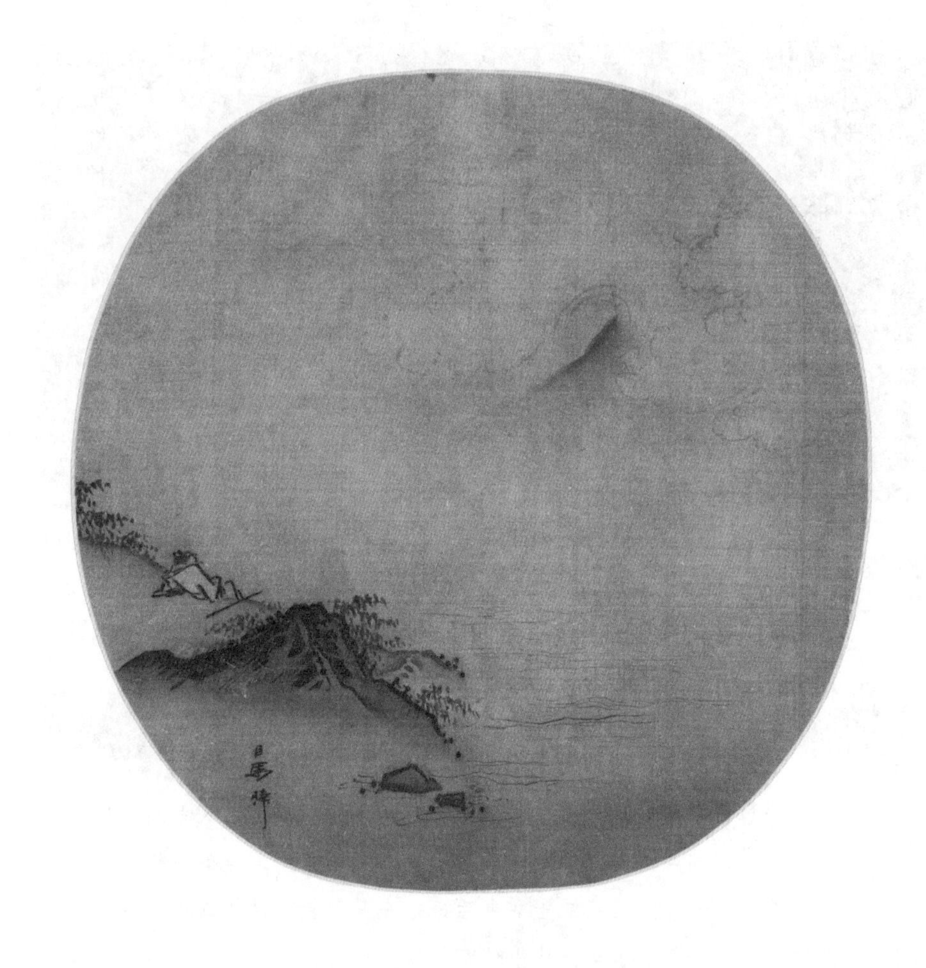

【图24】［南宋］马麟《坐看云起图》

有“滋味”才有美

《诗品》是中国古代第一部专门论述诗歌的专著，由南朝文学批评家钟嵘所著。汉魏以后，五言诗迅速发展，许多风格不同的诗人和诗歌作品涌现，《诗品》正是对这一发展的总结和论述。钟嵘对这些作家的艺术风格进行了评论，还在序言中对诗歌创作中的一些理论性问题，以及当时诗坛中的一些流弊，提出了自己的看法，其中涉及大量的美学问题。

在《诗品序》中，钟嵘首先指出诗歌是由外界事物的变化，对人心的触动和感发而形成的。在外界事物的感发下，心中生出某种情感，而通过文字表达出心中的情感，就形成了诗歌。钟嵘突出了情感的作用，强调诗是情感的产物。他认为相聚时候的诗歌表现了亲切之情，分离时候的诗歌表现了愁怨之情。钟嵘强调由艰苦的环境、坎坷的生活经历所产生的怨愤之情，更能引起人的同情，产生情感的共鸣，也更能揭示人性的本质，更加具有审美感染力。

在钟嵘看来，声律与真情相比，真情更为重要。过分重视引用典故，也会出现这样的问题，引用典故可能会增加诗歌的文化历史感和对传统的继承性，有时候可以起到增加内涵的作用，但是如果因为过分追求用典，而影响了抒情，就会得不偿失了。

在这一思想的基础上，钟嵘提出了“真美”这一概念。“真美”一方面是强调情感之真，声律和用典都不能影响真实情感的抒发；另一方面是指自然之真，也就是对清新自然之美的追求（图 24）。这里说的“自然”与“人工”相对，自然之美往往给人以原始的清新之感，而人工之美往往因雕琢而精致、华美。钟嵘在审美上倾向于前者。

《诗品》中还提出了“滋味”的概念。钟嵘说，五言诗是各种文体中最为重要的，因为它是最有滋味的。五言与之前的四言相比，文字增加了，就更容易使诗歌清楚明白而富有表现力，因此更有滋味。

“滋味”是内心情感与华美文辞的统一，有滋味的作品一般都有充沛且真挚的感情，而且作品语言华美、音韵铿锵。另外，“滋味”是有限的意象与无限的意蕴的统一。对物象的描写都是以现实世界中的事物为依据，这就说明意象是有限的、具体的。但是诗歌所表达的感情是无限的、不确定的，不同的读者对同一首诗有不同的感受。有滋味的诗既具有真实而形象的意象，又具有无限丰富的意蕴。钟嵘还认为，一首诗文有“滋味”，那么它既具有教化作用，同时还具有无限的美感。

总结起来看，钟嵘品诗是注重诗的情感的。他认为外界事物引起了作者内心的情感，作者将这一情感表达出来，就形成了诗歌。因此诗歌最重要的也是情感的抒发，与此相比，诗歌的形式是次要的，写诗不必拘泥于声律、用典等形式和技巧，而应该抒发真情，使诗歌具有“真美”。这一主张对后世的诗歌创作与欣赏都产生了深远的影响。

王弼的“得意忘象”

王弼，字辅嗣，三国时代著名经学家，魏晋玄学的主要代表人物之一，曾为《道德经》与《易经》撰写注解。王弼综合儒、道，借用、吸收了老、庄的思想，建立了体系完备、抽象思辨的玄学哲学。

在美学方面，王弼提出了“得意忘象”的命题。

早在春秋时代，庄子就提出过“得意忘言”的命题。王弼发展了这一观点，用在对《周易》中的“意”“象”“言”三个概念关系的论述上。他在《周易略例·明象》中说：“夫象者，出意者也。言者，明象者也。尽意莫若象，尽象莫若言。”“言”是指卦象的卦辞和爻辞的解释；“象”是指卦象；“意”是卦象表达的思想，即义理。

王弼的“言”“象”“意”虽然是从《周易》的角度出发来说明的，但也可以引申到其他事物。“言”“象”“意”三者之间是表现与被表现的关系。“言”是为了说明“象”，“象”是为了说明“意”，也就是说，“意”要靠“象”来表现，“象”要靠“言”来表现。

人们对世界的认识是由感性认识上升到理性认识，都是要通过感受和体会来体悟世界万物的道理，也就是体会“意”，而“象”和“言”是人们为了达到“意”的手段。因此，王弼的“得意忘象”是指，人们不要过分拘泥于“言”和“象”，而要追求对“意”的理解。对应到艺术作品，“言”和“象”是艺术形式，是外在的；“意”是艺术内容，是内在的。人们只有体会到了艺

【图 25】 晋代瓷器

术作品所要表达的内容，才能真正感受到美（图 25）。

当然，艺术内容如果没有艺术形象作为支撑，是不可能表现出来的，但是，艺术形式如果过分突出，就会影响艺术内容的表达，致使人们过分注意外在的形式，而无法很好地体会作品整体所蕴含的精神。因此，艺术的感性形式要把艺术内容充分而恰当地表现出来，使欣赏者被整个艺术形象的美所吸引，而不再去注意艺术形式本身。

"得意忘象"命题的影响是积极的。它对"言""意""象"的关系做了探索，促进了后世人们对"意象"的理解和运用。另外，"得意忘象"还告诉人们，对事物进行美的欣赏时，要对事物有限的外在形式进行超越，去把握事物包含的无限的内在精神。

“声无哀乐”话嵇康

嵇康，字叔夜，魏晋时期思想家、文学家、音乐家。嵇康幼年时十分聪颖，博览群书，学习各种技艺，成年后喜读道家著作。他与阮籍、王戎等七人常在当时的山阳县竹林之下喝酒、纵歌，世谓“竹林七贤”（图 26）。嵇康擅长音乐，通晓音律，以弹奏《广陵散》而闻名于世。

嵇康在其代表作《声无哀乐论》中阐述了其著名的“声无哀乐”命题。嵇康认为，音乐和自然的声音一样，原本只具有形式，有好听和不好听的区别，但是不具有内容，不包含哀乐的情感，因此，音乐也就不能引起人们或悲伤或快乐的感情。但是，为什么人们听到某种音乐或者会轻松愉悦，或者会悲伤哭泣？嵇康认为，人们的这种情感不是音乐带来的，而是由社会人事的影响而产生的，这种情感藏在人们心中——人们在听到音乐时，触动了这种感情，于是就产生了哀乐之情。音乐在这一过程中只是起到了催化剂的作用，其本身却不能产生哀乐的情感。因此，音乐不具有情感的内容，它的本质在于形式美。

以这一观点为基础，嵇康自然认为音乐不能反映社会生活的变化，更不能移风易俗，不同意“治世之音安以乐，亡国之音哀以思”的观点。

嵇康对音乐的观点是否完全正确呢？人们可以从自身的经验来进行体会。

一个人欣赏不同风格的音乐会产生不同的感受，这是客观存在的；而不同的人对同一支乐曲也会产生不同程度的感受，这也是客观存在。因此，嵇

【图 26】 [清]俞龄《竹林七贤图》

康说，欣赏者对音乐的不同感受是由内心的哀乐等不同情感造成的，这是具有一定的合理性的。人们在仕途顺利、生活美好的时候，即使听悲伤的乐曲，也不会产生很深刻的感受，当人们生活艰辛，处在困厄之境时，听快乐的音乐，想必也不会使心情变得很好。而且，人们在某一心情状态下往往会倾向于听某一类风格的音乐。因此，人的情感变化跟所听的音乐一点关系都没有吗？显然不是。只肯定音乐的形式，而否定内容美的存在，是不正确的。艺术也会包含着一定的情感，从而影响人的感情。

音乐具有形式美，有欢快的音乐，也有哀伤的音乐，这是客观存在的，但是说音乐只具有形式美而不具有内容，不反映生活，这是值得商榷的。任何事物都会受到周围社会生活的影响，是社会生活的反映，艺术也不例外。创作者在创作音乐时，必然会受到社会生活和自己内心情感的影响，因此，创作出来的作品就带有某一特定生活和情感的影子。只是因为这种反映是间接的，宽泛的，不容易被察觉的，所以嵇康认为音乐不能反映社会生活。

由此看来，嵇康的观点存在着一定的局限性。但是这种对音乐艺术的思考是值得肯定的，它也会推动着后来人们对艺术美的探索。

【图 27】［东晋］顾恺之《洛神赋图》（宋摹本，局部）

画龙点睛为“传神”

中国绘画注重神韵的表现。作为“六朝四大家”之一的顾恺之，提出了“传神写照”的命题。

关于绘画，曾流传着这样一个小故事：有一位画家，在寺庙的墙壁上画了四条龙，但是没有画眼睛，他常常说，如果画上了眼睛，龙就会飞走了。人们都认为很荒诞，就让画家给其中的一条龙点上了眼睛，突然间电闪雷鸣，这条龙乘云飞上了天。这是成语“画龙点睛”的典故，用来比喻说话或写作时在关键地方点明要旨，使内容生动传神。这个小故事虽然是关于张僧繇的，但是与顾恺之的“传神写照”的主张具有极大的相似性。

顾恺之，字长康，晋陵无锡（今江苏无锡）人。博学多才，工诗赋、书法，尤善绘画，与曹不兴、陆探微、张僧繇合称“六朝四大家”。著名的《洛神赋图》（图 27）、《女史箴图》（图 28）就是顾恺之的作品，现存摹本分别在故宫博物院和大英博物馆收藏。

《世说新语》中记载，顾恺之画人物画，几年都不点眼睛，人们问他原因，他说：“四体妍蚩，本无关妙处，传神写照，正在阿堵中。”“阿堵”是指眼睛，也就是说，人物画的传神之处主要在于眼睛，这一点与画龙点睛的意思是相同的。

由此可以看出，顾恺之认为画人物画想要传神，不应该着眼于形体，而应着眼于人体的某个关键部位，眼睛或者某一典型特征，只有抓住所画之人

女史司箴敢告庶姬

【图 28】［东晋］顾恺之《女史箴图》（唐摹本，局部）

的典型特征，才能达到传神目的。而四体之形对于传神并不重要。“形”是要为表现“神”而服务的，画家把人物形体中不具有特殊性，不能表现“神”的东西弱化，甚至淘汰，把能表现“神”的东西留下并强化，就能较为突出地表现人物的“神”。

“神”是指一个人的风神，也就是个性、气质和生活情调。魏晋时期，人们在思想上出现了回归老庄的倾向，崇尚自由与个性，不拘于礼法，任情放达，因此在评价某个人时，往往忽略他的外表，而注重对其内在的生活情调和个性的品评，也就是对“神”的把握。它不是指一个人的道德学问，而是指内在风韵、气质和个性。例如“有识具”是裴叔则最重要的特点，是他独特气质和个性的表现，所以画家在画他时就应注重对这一特征的表现。

表现一个人的“神”，除了用他本身的特征来表现，顾恺之还提出了另一个方法，就是用周围的环境来衬托人物的个性特点。要想表现一个人的风神、神韵，首先要能发现并准确地捕捉这一特点。对于如何做到这一点，顾恺之又提出了“迁想妙得”的命题。“迁想”就是将创作主体的情感与思想迁移到对象身上，发挥艺术想象和创造性；“妙得”即巧妙地得到了这个人的“神”，也就是发现了这个人的风姿特色。这样就能准确地把握对象的“神”，并传神地表现出来。

“传神写照”与“迁想妙得”的命题在以后的美学发展中影响很大。历代许多文学家、艺术家都吸收并发展了这些思想，也运用这些思想来指导自己的艺术创作。

“画圣”是谁

“画圣”吴道子是唐代人，出身贫苦，早年游历四川、山东等地，习练山水画，后在洛阳开始专心研究、绘制各种寺观中的壁画。当时佛教兴盛，洛阳寺观中往来的名人秀士、达官贵人很多，吴道子的才华很快就传扬开来。于是唐玄宗招他入宫作画，他也因此有机会随皇帝巡游各地，不仅可以看到各种奇观美景，还可以看到各种绘画艺术，技艺精进。

吴道子在洛阳期间结识了将军裴旻，裴旻剑术号称“天下一绝”。当时裴旻在天官寺为自己故去的父母祈福，花重金请吴道子为自己的父母作壁画。吴道子奉还重金，说：“我对裴将军的剑术倾心已久，如能为我舞剑一曲，不但足为报酬，而且助我壮气挥毫。”裴旻听后，不仅欣然从命，而且请来当时的大书法家张旭在天官寺的另一影壁上题字。当日，天官寺观者如堵，人们在看了三人的表演后誉之为“天下三绝”。吴道子的艺术声望在这一天达到了他人生的顶峰，这件事情也被当作中国文化史上的一大盛事而千古传颂！

吴道子以画人物画成就最高，据说他最著名的人物画是《地狱变相图》，画中画的是杀生者在地狱中受尽各种惩罚的情景，画得活灵活现，以至于吓得好多屠夫改行。吴道子卓越的绘画成就，使他在中国古代画坛上享有很高的地位，唐代人公认他是“国朝第一”，宋代以后他便独擅“画圣”之美誉。

“风”和“骨”，“隐”与“秀”

魏晋南北朝最重要的美学成果是刘勰的《文心雕龙》。其中提出了“风骨、隐秀、神思、知音”等范畴，对中国美学影响很大。

刘勰，字彦和，祖籍今山东莒县，南北朝时期著名的文学理论家。他32岁开始，历时5年，写成《文心雕龙》(图29)。这是中国古代第一部具有严密体系的、“体大而虑周”的文学理论专著，对先秦以来的文艺思想、美学思想做了很好的总结，细致地探索和论述了文学等艺术的审美及其创造、鉴赏的规律。

在论及审美意象时，刘勰分析了“隐秀”与“风骨”，指出了诗歌意象的特点。

宋代的文学理论家张戒在他的《岁寒堂诗话》中引用了《隐秀》篇中的两句话：“情在词外曰隐，状溢目前曰秀。”“隐”是指“情在词外”，也就是说，审美意象所蕴含的思想感情不直接用文辞说出来，不是清楚明白的逻辑判断。“隐”还有另一方面的含义，就是审美意象不是单一的，是复杂的、丰富的。“秀”要“状溢目前”，也就是要形象可感，指审美意象要鲜明生动，可以直接被感受。审美意象要形象、直接，而它所包含的思想感情又不能直接说出来，这看似是矛盾的，其实不然。文学作品的思想感情总是要通过“文辞”来表达，而这里的“秀”只是给表现思想感情的“文辞”加了一个要求，那就是富有形象感。也就是指，不直接说出来的多重情意要通过具体生

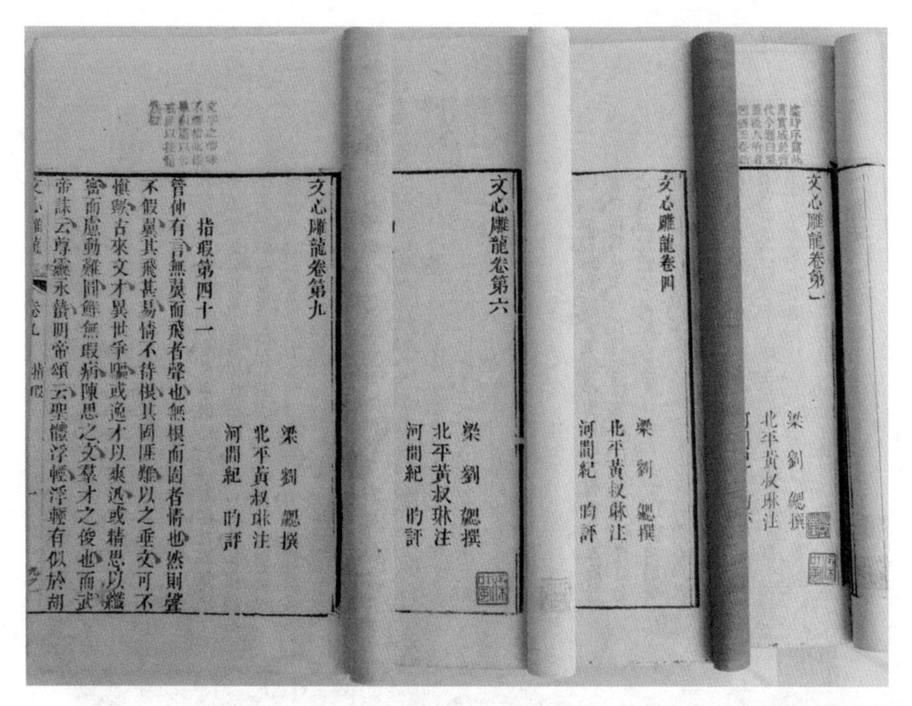

【图 29】　《文心雕龙》书影

动的形象表达出来。

既然“隐”要求审美意蕴不直接表现出来，那么文学作品是否应该做到越隐晦越好？既然“秀”要求审美意象要生动、形象，那么表现在文学作品中，是否就应该追求华丽的辞藻？答案是否定的。刘勰说：“或有晦塞为深，虽奥非隐，雕削取巧，虽美非秀矣。”意在告诉人们，要把握“隐”和“秀”的度。“隐”并不是追求晦涩难懂，使读者不能领会，而是不像逻辑判断或标语口号那样直接说出来，是要通过生动的形象间接地表现出来。“秀”也并不是追求雕章琢句，而是要通过与整体和谐的、生动的艺术形象来达到“秀”。因此，具有了鲜明生动的形象，并蕴含着多重深远的意味，作品就会具有生命力而使读者获得丰富的美感（图 30）。

对审美意象的分析，刘勰还提出了“风骨”这样的概念。

【图 30】［南宋］夏圭（传）《临流抚琴图》

“风”，先秦诗歌总集《诗经》中就有“十五国风”，是指具有教化作用的地方民歌。刘勰所说的“风骨”也是从儒家传统的“风教”思想出发的，着眼于文章的教育、感化作用。“风”侧重于“情”，要表达作者的主观情怀，要有感染力。虽然“风”侧重于情感，但是单单有情感还不是“风”，刘勰说要“情与气偕”，也就是情中要包含“气”，才是“风”。

“骨”侧重于对文章内容“理”的要求。既然“风骨”是要求文章要有教育、感化的作用，那么就要有说服力，“骨”则是要求文章要有充实的思想内容、严密的逻辑和凝练有力的言辞。

因此，“风骨”就是要求文章等艺术作品，既要有“风”，要具有充沛的情感，能感动人，又要有“骨”，要真实可信、合乎礼义，并具有刚健的力量。这样作品就能是“美”的，就能教育人。

刘勰提出的“隐秀”“风骨”引起了后世很多人的思考，虽然人们会产生不同的理解，尤其对于“风骨”的看法到现在仍然存在分歧，但是由这些命题，人们可以注意到，在对艺术作品进行分析和创作时，要对思想内容和外在形式等多方面考虑，既要明白、生动，又要有意蕴；既要有感染力又要有说服力。这是十分正确的，也对后世产生了极大的影响。

书法之美

书法，是世界上少数几种文字所拥有的艺术形式。中国的汉字是由笔画构成的方块字，而且，汉字具有将形象、声音和意义结合为一体的特性，丰富且富于变化，因此中国的书法具有艺术性和美感，中国历代关于书法的理论也十分丰富。魏晋南北朝时期，中国书法体制已经基本确定，形成了以楷书为主体的传统，同时也出现了卫烁、王羲之等许多书法名家，他们从不同角度对书法进行了论述。

卫烁，世称卫夫人，是晋代著名的女书法家。卫烁是三国时期著名书法家钟繇的学生，卫烁的叔叔也是当时著名的书法家，她的丈夫李矩也善于写隶书。在这样环境的熏陶下，卫烁不仅书法造诣很高，还写有书法理论著作《笔阵图》。

《笔阵图》中论述了书法中“意”与“笔”、“骨”与“肉”的关系。

卫夫人强调写字要“意”在“笔”先，“意”对“笔”要起到统率作用，精神集中，这样才能写得顺畅，把字写好。

关于“骨”与“肉”，“骨”是指艺术作品所体现的精神力度，表现为阳刚有力。“肉”与之相对，指的是内容的丰满。另外，卫夫人还提出了“筋”这一概念，用来表示力量的柔韧。在书法上，多骨则瘦硬，多肉则丰满，而有骨又有筋的书法，也就是刚强有力中又不失柔韧的书法是卫夫人所推崇的。

王羲之是东晋书法家，有“书圣”之称，他的儿子王献之也是著名的书

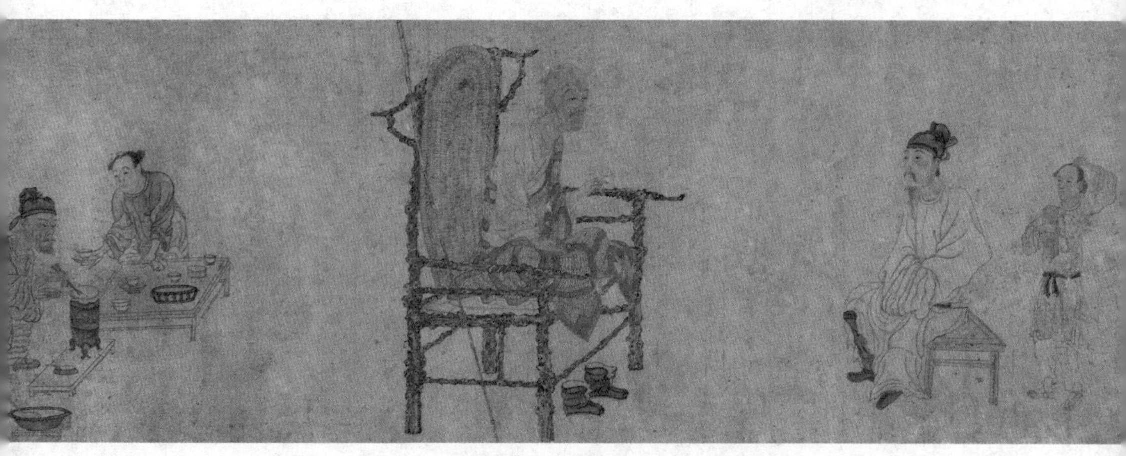

【图 31】［元］钱选《萧翼智赚兰亭序图卷》（局部，此画描绘了萧翼从辩机和尚手中获得《兰亭序》的故事）

法家，二人合称“二王”。王羲之对隶书、楷书、行书、草书等各体都很擅长，代表作《兰亭序》(图 31）被称为“天下第一行书”。

王羲之的书法师承卫夫人，他在《题卫夫人笔阵图后》一文中，发表了他对书法的一些见解，主要是从草书来论述的。他认为草书字体要像龙蛇一样，活泼而有生气，不能刻板。字与字之间要具有章法，连续而且要有起伏。草书要善于吸收其他字体的意味，丰富多变，但同时要做到沉着，不能浮浅。

除此之外，王羲之十分强调书法要有力度，要具有生命的意味，因此，书法家在进行创作时要具有饱满的精神状态。

魏晋书法家的书法理论虽然都比较零散，仅仅是从某一个角度对书法进行了论述，但是这些思想是十分宝贵的，他们的理论与创作实践都对后来的书法创作产生了深远的影响。

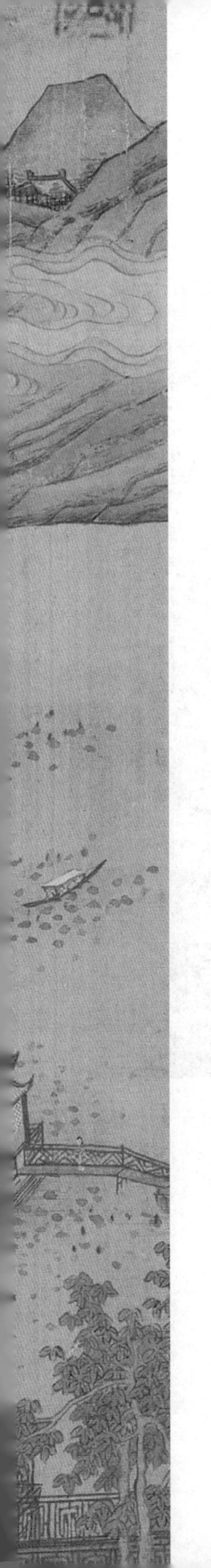

第四章

黄金时代：唐代美学

（618—907年）

唐代是中国封建社会发展的顶峰，也是中国古典美学的鼎盛时期。唐诗绚丽多姿，成为唐文化的标志。初唐时期的陈子昂提倡的“兴寄”与“风骨”，为唐诗的健康发展奠定了基础。盛唐时期的李白、杜甫是诗坛最耀眼的双子星。白居易的新乐府运动及韩愈的古文运动，都倡导诗歌要具有充实、丰富的内容，内容与形式和谐统一，对于诗文创作具有指导作用。此外，佛教与儒、道思想相结合产生的禅宗，影响了人的审美心理，促进了文人画的成熟，对美学影响极为深远。

【图32】［明］佚名《三教图》（图中描绘的是老子、孔子、释迦牟尼，表现了明代三教合一的思潮）

禅宗悟道，禅意化美

禅宗是佛教在中国传播过程中形成的一个派别。禅宗的基本思想有四点：第一，他们认为佛并不在遥远的彼岸，而在此岸，在人们自己身上，因此并不需要远去西天求佛，只要一念修行，就可以成佛；第二，禅宗主张众生是佛，一切人的佛性是一样的；第三，六祖惠能认为人本来具有的佛性，在社会生活中受到各种污染，被掩盖了，因此需要“修心”，需要修炼心性；第四，禅宗都主张“悟”，禅宗分为南宗和北宗，南宗主张顿悟，北宗主张渐悟。顿悟是指在某种情境下，猛然间悟到了佛理，渐悟则是指在坐禅与修炼的过程中逐渐地悟出佛理。

佛教的众生是佛，一念修行就可以成佛的主张受到了古人的欢迎，促使佛教走向了世俗化。另外，佛教还注重与中国的道家与儒家思想相结合（图32），这样就受到了更多的人，尤其是知识分子的欢迎，佛教因此开始走向文人化。佛教包含着一种与世无争的出世精神，这与道家的无为思想十分相似。另外，道家认为生死、美丑、贵贱等都是一样的，禅宗也发挥了这一思想，认为生与死并不是绝对的，关键是心如何去看，因此禅宗与道家在这一问题上也是相通的。道家讲究自然和无为，而禅宗也认为修心养性要按照自然的规律，不用去苦修，在这一点上二者也是相当一致的。道家认为“天人合一”，禅宗吸收这一思想，也认为人要体悟天地自然中的万事万物，在这一过程中悟道成佛。

禅宗始于菩提达摩，盛于六祖惠能，在中晚唐之后成为佛教在中国的主流（图 33）。士大夫们在赋诗作画时将这种禅宗思想融合进去，使得禅宗越来越接近审美。

禅宗也有建筑、雕塑、文学等艺术表现形式，这些艺术是十分贴近人民且具有艺术美感的。艺术追求的是美、愉悦与自由，禅宗所提倡的生活方式就具有这样的审美情趣。他们主张热爱生活，超脱世俗，不追求功名利禄，不需要苦修、戒律，在吃饭、睡觉这些自然的生活中感悟佛法、修养心性。这种生活是自然而自由的，是具有审美情趣的。而且禅宗亲近自然，禅寺常常建在山水优美的地方，山水自然之物提供给他们一种自由、宁静的状态，便于禅僧悟道。对山水自然的这种喜爱与感悟也使他们的思想越来越具有审美情趣。

禅宗本身具有艺术的美感，它对艺术也产生了影响。人们在艺术创作过程中，将自己的情感与禅宗思想相联系，甚至是以禅的思想为指导，进行艺术创作，这样，诗歌、绘画、书法等艺术作品中就往往带有浓厚的禅意。唐代诗人王维、孟浩然等就善于将禅宗的思想融入诗中，使诗歌富于哲理和智慧，表现出禅意。后世的文人画创作也受禅宗影响很深，人们以禅宗思想来

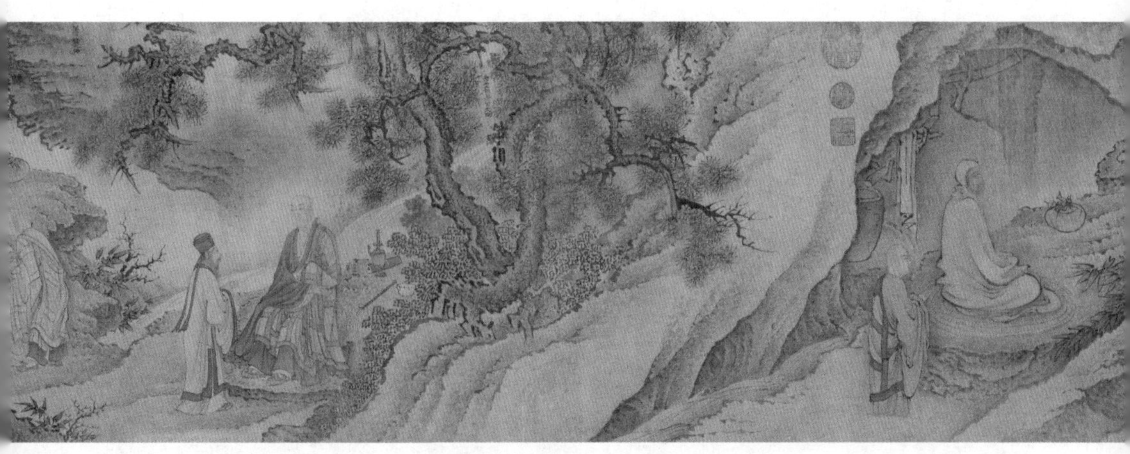

【图 33】［明］戴进《达摩至惠能六代祖师图卷》（局部）

进行创作，往往用简洁的笔墨来表现一种深邃的意境。

禅宗注重自然、自由，注重对佛法的体悟，在这一思想影响下所形成的诗画作品多富有“神韵”。“神韵”是一种并不表现在外，而是需要人去体悟的意境、韵味。它并不直接表现在诗画所创造的意象和画面中，也正因为如此，给人一种丰富的、深远的“味外之味”。这对后世的影响是十分巨大的。宋代严羽在《沧浪诗话》中所主张的“妙悟”，所推崇的含蓄而空灵的诗境，都是受禅宗思想的影响而形成的。清代学者王渔洋明确标举“神韵”，以“神韵”为论诗的最高标准，并且将“神韵”与禅结合起来，主张诗要具有天然之美，具有清远的风格，具有深远的意蕴。

禅宗对中国文化的影响十分巨大，也十分深远，对禅宗的理解有助于对唐，以及唐以后美学发展的把握，在中国美学的发展过程中，这是不可或缺的一环。

初唐诗风变，子昂贡献多

在唐朝以前，尤其是魏晋南北朝时期的齐梁年间，文学中形成了一种追求辞藻、声韵、格律等形式技巧，而内容贫乏、脱离现实的倾向。唐代建立以后，政治稳定、经济发展，为了歌功颂德、粉饰太平，文学上的浮艳诗风更加盛行。陈子昂作为一名初唐诗人，反对这样的诗风，主张对诗文进行革新。

陈子昂，字伯玉，梓州射洪（今属四川）人。除了诗歌，陈子昂对后世的影响还在于他提出的诗文革新的主张，这一主张是针对南朝齐梁间形成的浮艳诗风的。齐梁间诗以“永明体”为代表，这种诗体要求严格按照“四声八病”的标准来写诗，强调声韵、格律。从诗歌本身的特点和发展情况来看，要求声韵与格律是无可厚非的，也是应该的，但是这有一个前提，就是诗歌的形式与内容应该是统一的，不能只为了追求完美的形式，而不顾内容的表达。齐梁间的诗人多为宫廷、贵族写诗，所作的诗多为阿谀奉承之词，甚至耽于艳情描写，题材狭隘、内容空洞。

与此不同，在魏晋，尤其是建安时期，由曹操、曹丕、曹植及“建安七子”为代表的诗人，他们作诗从实际出发，或是反映社会生活，或是表达政治理想，或是抒发真情实感，诗文俊朗刚健，多具有慷慨悲壮的阳刚之气，被誉为“建安风骨”。

陈子昂由对齐梁浮靡诗风的批判，进而提出诗歌革新的主张，要求诗歌要有“兴寄”和“风骨”，“风骨”就是指“建安风骨”，“兴寄”则是来自

《诗经》。

“兴寄”中的“兴”是《诗经》中的一种艺术手法，指的是通过对另外一种事物的叙述来引出本来所要描写的事物。引申来看，写事物要有所寄托。读诗也应该注意诗的象征或隐喻的意义。而且诗应该反映现实生活，对生活或政治上的不合理的事也应该加以暴露，起到讽谏的作用。

对于《诗经》，陈子昂不仅要求人们要学习其“兴寄”的手法，还要学习其“风雅”的内容。“风”和“雅”都是对社会生活的一种反映。陈子昂要求学习《诗经》中的“风雅”，其实是要求学习“风雅”所体现的反映现实、教化社会、干预政治的精神。

当然，齐梁文学也有一些清新雅逸的作品，并非一无是处，陈子昂对齐梁诗风的批评只是针对它一味追求华美的形式、内容空虚的一面。陈子昂提倡诗歌要有“兴寄”和“风骨”，是要求诗歌不能一味专注形式，要有充实的内容，要能反映社会生活，对政治起到一定的干预的作用，还要有健朗的诗风。陈子昂自己也创作了许多诗歌，例如《感遇诗》三十八首，这些诗有的感慨时事、讽刺现实，有的感怀身世、抒发理想，都内容充实、质朴，风格刚健、明朗，体现了他的革新主张，标志着初唐诗风的转变，也对整个唐代诗歌产生了巨大影响。

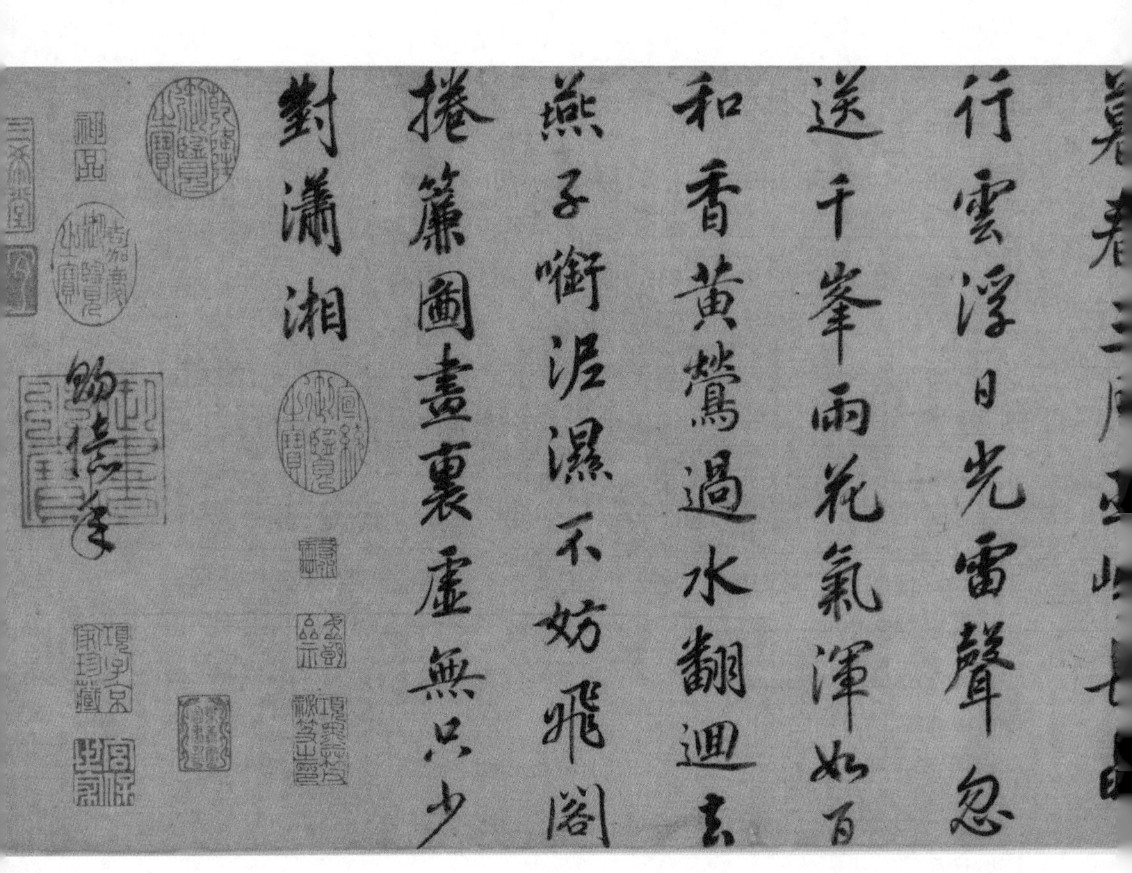

【图 34】 [南宋]赵构《宋高宗书七言律诗》(诗帖书写的杜甫的七言律诗《即事》)

孔子后人中的美学家

孔颖达，字冲远，冀州衡水（今河北衡水）人，孔子三十二代孙，曾奉唐太宗之命编纂《五经正义》，融合了南北经学家的见解，是集魏晋南北朝以来经学大成的著作，为经学的统一和汉学的总结做出了卓越贡献。而在“诗言志”这一命题上，孔颖达也是在总结前代各家观点的基础之上，进行了发展，提出了新的思想，是位很有成就的美学家。

孔颖达对于“诗言志”的发展主要集中在对“志”的理解上。

根据闻一多先生的看法，“志”有三个意义，一是“记忆”，二是“记录”，三是“怀抱”。而诗最初也是用来记诵的，因为诗在文字产生之前就已经有了，人们靠记忆来口耳相传，因此，诗从最开始就很注重韵律和句法。在文字产生之后，诗就是“记录”，用来记载事情和历史。经过发展，诗与歌合流，具有了“怀抱”的意思。“怀抱”就是“志向”。在先秦，“诗言志”主要是指作者用诗来表达思想、志向和抱负，而且这种志向与政治和教化紧密联系着。

诗歌作品是人们内心想法的表达，这种想法除了偏向于是非判断、伦理道德的思想，还应该包括人喜怒哀乐的情感。可以看出，“诗言志”中的“志”最开始是侧重于指思想的，但是发展到汉代和魏晋时期，人们开始注意“志”中“情”的方面。

《毛诗序》中说：“诗者，志之所之也，在心为志，发言为诗。情动于中而形于言。”诗是内心志向的表达，而这种表达是因为“情动于中”，也就是内心感情的波动。因此，“志”兼有思想和感情两者，但是仍然偏重于思想。刘勰在《文心雕龙》中也说：“人禀七情，应物斯感，感物吟志，莫非自然。”认为人有七情，面对事物而有不同的感觉，有感于外物而说出自己的“志”，这是自然地流露。可见，《文心雕龙》也是将“志”与“七情”紧密地联系在一起。

孔颖达在前代人对于“情”“志”探索的基础之上，提出“情志一也”的观点，明确地把情、志联系在一起。他在《春秋左传正义》中说：“在己为情，情动为志，情志一也。”他说外界事物的变化与感动，使人心中产生快乐或悲伤的情感，这就叫作“志”，而把心中的情感，也就是“志”抒发出来，就是“诗”。因此，他认为“情”与“志”是相同的。

对于“情动为志”而如何化成诗，孔颖达解释说：“言作诗者，所以舒心志愤懑，而卒成于歌咏。”也就是说作诗就是抒发“心志”与愤懑之情的。抒发快乐的心志与情感，则文学作品中多和乐和赞颂的声音；抒发忧愁的心志和情感，则文学作品中多哀伤和怨刺的声音。由此也可以看出，诗歌是对人内心思想、志向、情感的表达（图 34）。

孔颖达一方面强调外物对人心的感动，一方面强调诗歌就是对这种感情的抒发。这不仅体现出唐代人对审美本质的进一步认识，而且在美学史上产生了很大的影响。人们认识到，写诗或者进行文学或其他形式的艺术创作，不仅是表达思想、观点的需要，也是表达内心情感的需要，这就扩大了艺术作品的表现范围。

白居易身上的“美”和“刺”

白居易，字乐天，号香山居士，唐代伟大的现实主义诗人、文学家。他在文学上积极倡导新乐府运动，主张“文章合为时而著，歌诗合为事而作”，写下了不少感叹时世、反映人民疾苦的诗篇（图 35）。而他在诗歌创作中所提倡和坚持的“美刺”思想和现实主义精神在美学中也占有重要地位，对后世产生了极大的影响。

白居易是新乐府运动的倡导者和领导者之一。他主张恢复古代的采诗制度，发扬《诗经》和汉魏乐府讽喻时事的传统，使诗歌起到“补察时政”“泄导人情”的作用。这也是白居易在美学史上的重大贡献。

诗歌具有“美刺”的作用，“美”是歌颂，“刺”是讽刺，也就是指人们可以通过诗来进行赞美或讽刺政治或社会生活现象，而朝廷也可以通过诗来了解人们的感情。诗歌的美刺作用在白居易之前，人们就已经发现了。孔子曾说“诗可以兴，可以观，可以群，可以怨”，指的就是诗歌的美刺作用。因此，我国古代有采诗的制度，朝廷派人定期到民间去，将民间创作的诗歌收集起来，配上乐曲，进行演唱。乐府诗中的“乐府”本来是指汉代管理音乐的官署，它兼管搜集各地的民歌。这样做的目的就是发挥诗歌的“美刺”作用。白居易是十分重视诗歌的“美刺”作用的，他在《白氏长庆集》中说人们感于事，动于情，兴于嗟叹，发于吟咏，就形成了诗歌。而国风之盛衰、王政之得失、人情之哀乐都可以从诗中知道。因此，他也在《与元九书》中

【图 35】 [明]仇英《浔阳琵琶》(局部)

说，采诗的制度废除后，朝廷不能通过诗来体察时政，人民不能通过诗来宣泄感情。

白居易《与元九书》中有言："感人心者，莫先乎情，莫始乎言，莫切乎声，莫深乎义。诗者，根情、苗言、华声、实义。"意思是说，能够感化人心的事物，没有比情先的，没有比言早的，没有比声近的，没有比义深的。而诗，将树作为比喻，则感情是它的根本，语言是它的苗叶，声音是它的花朵，思想是它的果实。因此，白居易认为诗歌可以普遍地感动人心，同时，通过诗歌，人们可以知盛衰得失，可以知人情哀乐。

诗歌除了具有“补察时政”的作用，还具有“泄导人情”的作用。而“泄导人情”的前提就是统治者应该允许并且鼓励人民通过诗歌将心中的喜怒哀乐抒发出来。这不仅能帮助人们将心中的不良情绪宣泄出去，从而使身心健康，而且还可以利用诗歌“惩恶劝善”，从这两方面看，都是有利于社会和谐和政治统治的。

为了实现诗歌的“美刺”作用，白居易还强调，诗歌要“真”和“诚”，强调写文章必须崇尚质朴而抵制淫靡，注重真诚而反对伪造，要用质朴的文风反映事物的本来面貌。因为只有怀着真诚的心，才能从根本上做到真实地反映生活。

值得注意的是，白居易虽然强调诗歌的“美刺”的社会作用，但是这与诗歌的抒情性与审美性是不冲突的。他的“诗者，根情、苗言、华声、实义”就指出情感是诗歌的根本，同时也重视语言和音韵。诗歌的“美刺”作用也是借助于诗歌的审美功能来实现的。

在战火中长大的白居易

白居易出生在中小官僚家庭，祖父和父亲都做过县令。白居易出生不久，家乡发生战争。为躲避战火，白居易被送到宿州生活。他从小十分刻苦，读书读得嘴里长出了疮，手上磨出了茧。后来于贞元十六年中进士，做过秘书省校书郎、翰林学士、左拾遗等官职。他强调诗歌的政治作用，也身体力行写了大量的讽喻诗，但因这些诗而受到了当时权贵们的厌恶和排挤。元和六年，白居易因母亲去世而回家服丧三年。服丧结束后回到长安，元和十年，宰相武元衡和御史中丞裴度遭人暗杀，白居易因上书力主严缉凶手而被贬谪为江州刺史。后来，白居易在洛阳去世，葬于洛阳香山上。

虚实生，意象美

意象是中国美学的基本范畴。通俗来说，意象就是艺术家在进行写诗、绘画等艺术创作时，根据外界的事物形象和环境，结合自己所要表达的心境和意志，创造出来的作品中的形象。它是一种根据客观事物，但又经过艺术家加工而创造出来的艺术形象。

在唐代，“意象”已广泛用于文论、诗论、画论中。唐代诗僧皎然在《诗式》中谈“比”“兴”时涉及了意与象的关系。他认为选取物象就是“比”，选取意义就是“兴”。而且意义是物象中所蕴含和表现出来的意义，也就是包含在“象”之中的“意”。“象”是显现在外面的具体物象，“意”则是隐含在“象”之中的抽象意蕴。因此，“象”是实实在在的、具体可见的。“意”是虚的，是精神性的，是用心去体会所感知的。“意”有一个特点，即是多重性。以诗来看，诗句往往在有限的形象中包含着多重意蕴，虽然诗句中的“象”是固定的，但是不同经历和心境的人对同一句诗就会产生不同的理解，这使审美效果更耐人寻味。对于相同的“象”人们可以产生多种理解，从这一点也可以看出，“象”是具有一种模糊性的。

诗中的“意”，不仅包含道理，还包含情感，而且道理往往蕴含在情感中。诗中对物象的描写也往往表现为对景象、景色的描绘，因此，“意象”包含着情感与景象的统一。“意”是蕴含在“象”中的，同样，情感也通常蕴含在对景象的描写之中。“意”与情感是灵魂，有了“意”与情感，艺术作品就

【图 36】　［南宋］马远《寒江独钓图》

会有生气。没有“意”与情感，即使“象”塑造得再好，也没有灵气，不容易感染人。

按照老子的道家哲学，自然的本体与生命是“道”，是“气”，也就是说，“同自然之妙有”就是要让艺术作品的“意象”来表现生命的“道”和“气”。这在唐代兴起的水墨画中有所表现。

唐代山水画的一个重要发展就是以水墨代替青绿等颜色来给画面着色，水墨山水画兴起。唐代一些画家认为“道”是最朴素的，蕴含着并产生自然界的五种颜色。自然万物的五种色彩，并不是依靠色彩来染色，而是依靠朴素的“道”。水墨的颜色正和“道”一样朴素，它最接近造化自然的本性，因此是最“自然”的颜色。从水墨山水画的兴起可以看出，人们偏爱使用水墨，正是对“同自然之妙有”这一性质的追求，正是意象所具有的性质。

“道”和“气”不仅在于实，还在于“虚”。因此，想要达到“同自然之妙有”，就不仅要重视“实”，还要重视对“虚”的表现，也就是要注意表现在有限的“象”之外的意蕴。

南宋画家马远根据《江雪》中“孤舟蓑笠翁，独钓寒江雪”的意象作了《寒江独钓图》(图36)，这幅画只画了一叶扁舟，舟上有一位老翁在俯身垂钓，在船旁边用淡墨寥寥数笔勾画出水纹，四周都是空白。这些空白就是“虚”，虽然是空白，但是通过这些空白，可以感受到无边的江水和一种空旷、寂静及萧条、淡泊之情，这正是虚与实相结合所创造出来的意境。

总的来看，意象主要是通过塑造“象”来表达“意”，“象”中蕴含着体现宇宙本体与生命本源的“道”和“气”，具有同自然一样的性质，因而就会有一种“大境界”，充满无限的意蕴与美感。

触景于外，生情于内

“触景于外，生情于内”，讲的是中国美学中的一个重要范畴——意境，它的思想根源可以追溯到老子美学。老子提出了代表世界本原的“道”，而意境的本质则正是要表现这个“道”。虽然意境说的思想根源可以追溯到老子，但是“意境”这一概念的提出是在唐代，对意境的集中思考与论述也是在唐代，唐代诗人王昌龄、刘禹锡和诗僧皎然，以及诗论家司空图等都有对意境这一范畴的论述。

“意”指的是艺术作品所表现出来的意思、意义，也就是作者想要表达的思想、情感。那么在“意境”中，要集中理解“境”。

“境”作为一个美学中的范畴，最早出现在王昌龄的《诗格》中。王昌龄，字少伯，今山西太原人，盛唐著名边塞诗人。他的诗以七言绝句见长，因此被后人誉为“七绝圣手”。《诗格》是他的论诗著作。他在《诗格》中把“境”分为“物境”“情境”“意境”三类。“物境”是指描写自然山水时表现的境界，“情境”是指抒发人生经历的喜怒哀乐时所表现的境界，“意境”则是指表达内心意识、想法时所表现的境界。在这里，虽然王昌龄已经将“意境”作为一个名词、一个概念提出来，但这还不是现在通常所指意境说中的“意境”。意境说的“意境”是指艺术家在创作时，将自己内心的感觉、情意与外界事物相对应，产生共鸣与契合，这样创作出来的作品所具有的一种境界。由此可见，王昌龄《诗格》中的“意境”与意境说的“意境”所指并不一样。

【图 37】［明］陈洪绶《山水诗画册》（局部）

对于意境说中的“境”，刘禹锡曾对它做了一个规定：“境生于象外。”皎然与刘禹锡一样，也认为“境”是从“象外”产生的。“象外”并不是指外界客观事物之外的东西，它并不是完全摆脱客观的物体形象的，而是强调在进行艺术创作时，不要被所选取的事物限制，而应该通过想象和创新来体会、把握事物表现出的精神境界，或者与事物相关的品格，进而创造出包含更多意蕴的“象”。这种具体的、有限的事物之外的包含更多精神意蕴的象，是更大范围的象，是虚的象，也就是“象外”所指的东西。而“境”生于“象外”就是说，正是这种超越了物象局限的精神意蕴使艺术作品具有耐人寻味的深远境界，也就是具有“境”。

那么“意境”是如何产生，如何被创造的呢？王昌龄在《诗格》中对诗歌意境的产生作了分析。他指出诗歌意境的产生有三种不同的情况：一种情况是，诗人经过长期的构思，仍然没有在头脑中产生意象，于是将自己的精神放松下来，在一个偶然的机会，由于外界事物的触动，灵感产生，于是意象自然而然地产生出来了。王昌龄将这种情况叫作“生思”，也就是特定的“境”感发了诗人的想象力和创作灵感，从而有了意境的创造。另外有一种情况叫“感思”，诗人看到前人作品中的意象而产生了灵感，从而创造出新的意象。还有一种情况是，诗人主动在生活中寻找可以进行创作的事物形象和境界，用心去感受，从而创造出意象，这种情况叫作“取思”。从这三种情况，尤其“生思”和“取思”，可以看出，意境的创造要靠外界事物与环境的影响与感发，艺术家的内心与这些事物产生共鸣，从而产生了创作灵感，创造出意境（图 37）。

意境的创造离不开外界的事物，也离不开心灵的触动，只有心与物达到契合，产生共鸣，才能创造出美的意境。因此，在意境的创造过程中，对于“心”也是有要求的。老子在讲到对“道”的把握时说要排除主观欲念和成见，保持内心虚静，同样，司空图也认为，在意境创造的过程中，人们也要超越世俗的成见和束缚，排除内心的杂念，保持内心虚静的状态，才能感受和表现客观的、真实的“境”，创造意蕴深长的美的意境。

【图38】［清］苏六朋《清平调图》（此画描绘的是唐天宝年间，唐玄宗召李白作“清平调”的故事）

李白的“本色”

李白，字太白，号青莲居士，唐代浪漫主义诗人，有“诗仙”之称。李白并不是一位美学家，也没有独立的美学理论，但是李白作为唐代诗人的代表，甚至可以作为中国诗人的代表，其诗歌中表现出来的美学可以说是唐代美学的代表，是盛唐思想的集中体现。

李白的诗歌清新、豪放、夸张，充满奇特的想象，是中国浪漫主义诗歌的典型。他的诗歌多为对自然景物的描写及对内心情感的抒发。而且李白写诗往往是直接将自己的情绪表达出来，敢爱敢恨，毫不掩饰。他的为人及作诗都有这样一个特点，真诚、天然、本色。当李白奉唐玄宗征召进京时，说出“仰天大笑出门去，我辈岂是蓬蒿人”，可见他当时的欣喜与得意之情。但是在为官期间（图38），他不与权贵同流合污，遭到了他们的排挤，最终被赐金放还。这时，他又豪放地唱出了“安能摧眉折腰事权贵，使我不得开心颜”，再次表达了自己的原则。“人生得意须尽欢，莫使金樽空对月”“将进酒，杯莫停”，他与友人一起饮酒时，也有这样率真的召唤。由此可见，李白作诗保持着他的真性情，没有过多的顾虑与掩饰，敢于抒发自己真正的情感，他的诗也因此有一种“天然去雕饰”的清真之感。

自然、本色可以说是李白诗歌最大的特点，是李白所提倡和坚持的最重要的美学观。他的《古风·大雅久不作》中有这样两句话：“圣代复元古，垂衣贵清真。”这是对道家自然、清真的肯定。他最为人们熟知的诗作《静夜

【图 39】 [清]石涛《静夜思诗意图》

思》(图 39）就突出地表现了自然、本色的特点。

“自从建安来，绮丽不足珍”，建安以前，在齐梁时期，诗歌创作注重形式和辞藻的华美，内容空洞。而建安时期，在曹操、曹丕、曹植及“建安七子”的影响下，诗歌创作开始具有充实的内容和刚健的风格。可见，李白对建安文学是肯定的，他推崇并吸收建安文学反映现实、抒发心志和刚健质朴的艺术风格。在此基础之上，他对华美的形式也进行了吸取。

“文质相炳焕，众星罗秋旻”，“文”是指形式，“质”是指内容，这句话是强调，文质相互统一，才能具有灿烂的光辉。这一要求与对建安文学的主张是相通的。

从这几点可以看出李白对诗歌美的理解。他主张真诚，主张内容充实，主张要有创造，其中以真诚最为重要。诗歌是对现实的反映，是人情感的表达，这两方面都要求“真”，只有“真”才会自然，才能更好地表现艺术之美。李白在他的创作中实践着这一点，同时也对后世产生了深远的影响。

“诗圣”是谁

与李白相比，杜甫可以称得上是一位历经沧桑的“苦难诗人”。他是唐代现实主义代表诗人，他的诗歌被誉为“诗史”，他本人则有“诗圣”之美称。他经历了整个唐朝由盛转衰的时代，遭遇了太多的战乱与漂泊，体现在其诗作方面就形成凝重与沉郁的写实主义风格，在他的诗篇中充满着悲天悯人的忧患意识和强烈鲜明的人道主义色彩，如“三吏”“三别”系列。在诗歌的艺术成就方面，工整到极致的格律和沉郁顿挫的诗风是杜诗的典型特色。如七律《秋兴八首》和《登高》，五律《春望》和《月夜》等都是律诗中的典范。“安得广厦千万间，大庇天下寒士俱欢颜”“无边落木萧萧下，不尽长江滚滚来”（图 40）等千古名句传诵至今。

【图 40】 [清]王时敏《杜甫诗意图》

韩愈带头搞“运动”

韩愈（图41），字退之，自谓郡望昌黎，世称韩昌黎，唐代文学家、政治家，古文运动的倡导者。他的文学成就很高，与柳宗元、苏轼等人被誉为“唐宋八大家”，与柳宗元并称“韩柳”。

韩愈和柳宗元是古文运动的代表人物，他们都身体力行，在自己的创作中实践自己的主张，并写出了很多优秀的文章。韩愈还利用他的政治地位、影响大声疾呼，对古文运动理论的传播起到了积极作用。

古文运动主张学习古文，反对讲究声律、辞藻、排偶的骈文，要恢复古代儒家传统，写文章要符合“道”，表现“道”。这里的“道”并不是指道家的自然之道，而是儒家的人伦之道。韩愈认为，儒家的道统，最初由尧、舜、禹、汤代代相传，汤又传给文、武、周公，文、武、周公又传给了孔子，孔子传给了孟子，从孟子之后就失传了。韩愈倡导古文运动正是要恢复失传了的儒家道统。

儒家道统最重要的就是文道合一，注重文艺的社会教化作用，也就是强调文艺作品的内容要对社会或政治有益。因此，儒家往往重视文艺家的道德修养，主张文章要内容充实，文风质朴。

在古文运动中，韩愈除了提倡恢复儒家道统，强调“道”，还强调了“文”。韩愈认为“文”虽然可以明“道”，但两者毕竟不同，并不是说明了“道”，“文”就不重要了。韩愈对“文”的追求体现在他对文体的探索，从

韩愈（768年—824年）
字退之，河南河阳人，唐古文运动倡导者，「唐宋
八大家」之首，提出「惟陈言之务去」、「文从字顺」
的为文主张，有「文章巨公」和「百代文宗」之名。

【图 41】 韩愈雕像

语言来说，他从用词和语法两个方面进行论述，提出了“惟陈言之务去”和“文从字顺各识职”两个要求。“惟陈言之务去”，是指写文章不能一味模仿古人，说古人说过的话，而是应该要有所革新创造，这样语言才能新鲜活泼，具有生命力。“文从字顺各识职”是指文章字句要通顺，表意要清楚，这样文章读起来才能明白而自然。从文体风格来说，韩愈是崇尚奇异的，他特别重视独创性，作诗有意追求意象的不平凡，含义的深刻。但是这种奇异和对文体的追求是建立在符合儒家之道，符合事理之真的基础上的。

另外，韩愈在诗文的创作方面还提出了“不平则鸣”的论断。韩愈指出，事物都是遇到了“不平”，才会发出声音，草木、水等，本身是不会发声的，但是，风吹动它们时，就会发出声音。金石本身也不能发声，人们打击它们时，也会发出声音。不管是风的吹动还是人的打击，都能使两者之间发生冲突、矛盾，因此才能发声。由此，韩愈引申到人的表达方面，他指出，人之所以要写文章，要说话，也是因为生活中出现了矛盾，使人不得不说。心中有所“不平”，具有充沛的情绪，要借助语言来表达和宣泄出来，这就形成了文章。

韩愈对古文运动的倡导及亲身实践，在当时及后来都产生了积极而巨大的影响。古文运动是利用复古的旗帜而从事文学的革新，在事实上推动了文学的进步。

第五章

鼎盛后的繁荣：宋元美学

（960—1368年）

宋代美学思想的集大成者是词。词讲究抒情和声律，与诗形成互补，为人们的审美情感开创了更为广阔的天地。宋代理学的出现为中国美学的发展规定了新方向，理学思辨的特点使宋代的诗论、画论更加精微。苏轼对于诗、画渗透的强调，对于书法“意”的重视及郭熙对于山水画“远”的特点的强调等，都是为了艺术作品能够具有意蕴和韵味。元代的元好问和方回对诗歌“天然”和“清”的强调，丰富了诗歌美学的内容。

【图 42】［北宋］范宽（传）《秋涉图页》

情中有景，景中有情

枯藤老树昏鸦，
小桥流水人家，
古道西风瘦马。
夕阳西下，
断肠人在天涯。

这是元代散曲作家马致远所创作的一首小令《天净沙·秋思》。枯萎的藤枝，苍老的古树，黄昏归巢的乌鸦。小桥、流水、冒着炊烟的人家。荒凉的古道、西风、瘦弱的马。还有一轮西下的落日。全曲没有任何情节的叙述，只有这些意象的罗列，这些意象共同组成了一幅秋天傍晚郊外的图画。"枯藤""老树""古道""西风"等，这些意象都给人一种秋天的萧瑟、凄凉之感。诗的最后，作者指出，"断肠人在天涯"，将一个飘零天涯的游子放在这样一个悲凉的秋景之中，就表达出了游子漂泊在外，思念故乡的哀愁心情。

马致远年轻时热衷功名，但一直未能得志。他几乎一生过着漂泊无定的生活，这首小令就是他在羁旅途中写下的。小令前四句都是写景色，但是景色中透露出作者漂泊在外的凄凉愁苦的感情，也就是情寓于景中，达到了情景交融的境界（图 42）。

"情"与"景"的关系问题是宋元诗歌美学中重点讨论的问题，宋元诗论家们强调，单有“情”或单有“景”，都不能塑造出感人的意象，不能很好地表达感情，因此，艺术作品也不能算作成功。只有将感情寓于所写的景象之中，景中含情、情景交融，艺术作品才能准确而生动地表现作者想要表达的意蕴，这样艺术作品才能感染人，才能具有美感。

范晞文是宋代的文学家，著有《对床夜语》。他在《对床夜语》中曾强调，在诗歌意象中，“情”“景”是不可分离的。他分析了诗歌中“情”与“景”结合的几种不同的方式，有的是上联写景、下联抒情，有的是上联抒情、下联写景，有的则是一句景一句情，有的是情景交融，不可分离。但无论是哪一种方式，诗中都是有景有情的。一首诗歌中只有景没有情，就像一个人只有躯体没有灵魂。而一首诗歌中只有抒情，没有对景色的描写，也会使人读来觉得空泛，不生动。因此，诗歌中都是情与景相交融的。

人们在实际的生活经验中，也有这样的体会，景物与心情是会相互影响的。看到美好、快乐的东西，人的心情会随之而变得愉悦；看到丑陋、不好的事情，人的心情会变得烦躁，这是外在世界的景物对人心的影响。反过来，心情愉悦、快乐的时候，看到东西都觉得是美好的；心情愁苦、烦闷的时候，接触到的事物都因自己的心情而黯淡下来。虽然客观的外在事物不会因为人的心情而直接有所变化，但是人们在不同的心境下，对这些事物的感受是不同的。既然情与景是交融的，那么在进行艺术创作的时候，在写诗的时候，用什么样的方式表现最好呢？宋代的词人、词论家沈义父主张，表达感情不能太外露，文章的最后以景象的描写结尾最好，景象中蕴含着感情。这样，作品就会有一种言已尽而意无穷的境界。

宋元时期对“情”“景”关系的分析，在诗歌或书画等艺术创作与欣赏中都具有非常大的意义，对后世产生了巨大的影响。

诗中有画，画中有诗

“诗中有画，画中有诗”是苏轼在评价王维时所说的。

苏轼，字子瞻，号东坡居士，世称“苏东坡”，北宋文学家、书画家，“唐宋八大家”之一。他的词豁达、豪放，是豪放派词人的主要代表。

王维，字摩诘，唐代著名诗人，有“诗佛”之称。王维精通佛学，受禅宗影响很大。他的诗画都很有名，音乐也很精通。

王维作画笔墨清新、格调高雅，传达了一种诗意的境界；王维作诗，善用灵动的语言，刻画一幅幅美好的画面，富有禅意。苏轼曾评论他的作品说：“味摩诘之诗，诗中有画；观摩诘之画，画中有诗。”这不仅道出了王维诗歌与绘画的特点，还提出了“诗中有画，画中有诗”的思想，引发了对于不同门类的艺术之间相同性与差异性的思考。

苏轼主张“诗”与“画”可以相互渗透，从诗中可以读出画中所表现的意蕴，从画中也可以赏出诗中的韵味。北宋哲学家邵雍也曾指出，“诗”和“画”都是对客观事物的描写和表现，只是表现的方式不同。“诗”通过语言来表现，“画”是通过形象来表现，诗善于表现事物的情感，而画善于表现事物的形态。因此，苏轼所主张的“诗中有画，画中有诗”在一定程度上是诗所表现的情感和画所表现的形态的结合与渗透。

诗歌与绘画这两种艺术形态，在表现的方式上是有所不同的，但是它们都是通过创造审美意象来表达情感的。如果诗歌吸取了绘画中形态鲜明、生

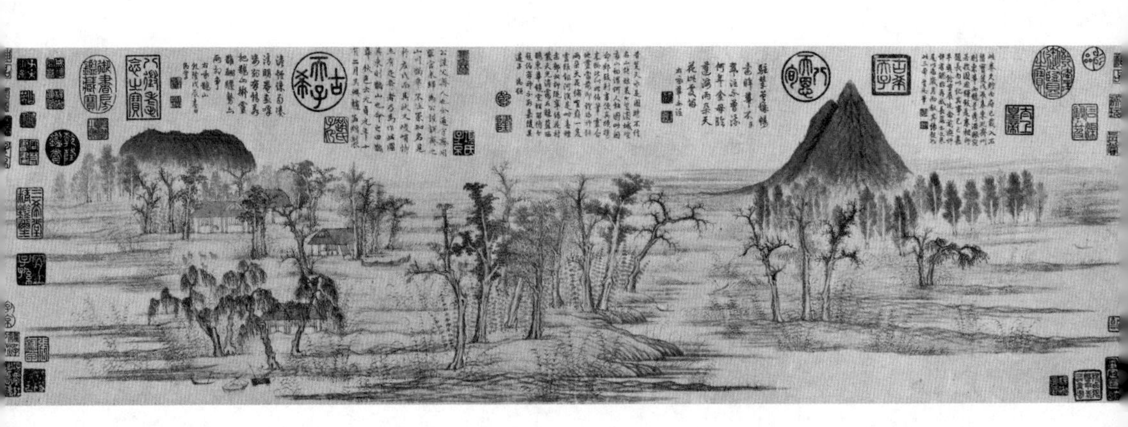

动的特点，让人读来就会感觉是“诗中有画”，如果绘画吸取了诗歌情感表达丰富、深长的特点，人们观赏起来就会感到“画中有诗”（图 43）。

王维《山居秋暝》一诗，描写景色十分生动，表现出“诗中有画”的特点。

空山新雨后，天气晚来秋。
明月松间照，清泉石上流。
竹喧归浣女，莲动下渔舟。
随意春芳歇，王孙自可留。

山上一阵新雨过后，凉风习习，令人感到秋意浓厚。皎洁的明月从松树的间隙间照下来，清清的泉水在石头上流淌。竹林喧响，洗衣姑娘归来了，莲蓬摆动，渔舟正下水撒网。诗人描绘了山、明月、松树、清泉、浣女、莲蓬等多种意象，并将它们完美地融合在一起，组成了一幅秋雨初晴后傍晚时分山村景象的图画，表现了诗人寄情山水田园并对隐居生活怡然自得的满足心情。它虽然是一首诗，但像一幅清新秀丽的山水画，表现了“诗中有画”的特点。

【图 43】［元］赵孟頫《鹊华秋色图》

“诗中有画，画中有诗”是一个很理想的境界，这种境界的实现还是具有难度的。当时就有人指出，诗中的画并不一定能画出来，后世的人们也多有这种感觉。而且，声音、味道、感觉等也不容易画出来。再者，写景诗中即使写了很多事物、景象，这些意象可以在画面上罗列出来，但是诗中除了这些物体，还会有一种氛围与格调，这也是很难用画表现出来的。

诗中可以表现画面性，画中可以表现诗意，可见，不同门类的艺术之间是有同一性的。但是诗中的氛围等又不能完全在画中展现，这便是不同艺术之间的差异性。它们都是客观存在的。

聪颖的王维

王维从小就聪颖过人，15 岁时去京城，由于他在诗、画、音乐上有极高的天赋，所以少年王维一到京城便得到很多的赞誉。有一次，一个人得到一张奏乐图，但不知画中表现的是什么细节。王维说：“这是《霓裳羽衣曲》的第三叠第一拍。”大家找来乐师演奏，果然如王维所说。

【图 44】［明］张路《苏轼回翰林院图》（局部）

苏轼的美学遗产

苏轼，号“东坡居士”。他评价王维的诗，提出了“诗中有画，画中有诗”的观点，主张诗歌与绘画的渗透，诗中表现画面性，画中表现诗意。另外，人们在他的诗文艺术风格与人生态度上也能体会到他的美学思想。

苏轼是宋词豪放派的开山鼻祖和代表人物，他的词多清新豪健、汪洋恣肆，善用夸张、比喻，将充沛激昂甚至悲凉的感情融入词中，表现出慷慨豪迈的风格。但是苏轼也并不排斥婉约，他的诗词题材广泛，内容丰富，其中不乏婉约词。苏轼主张豪放与婉约的统一，只是豪放中含有婉约，豪放占主导。

苏轼（图 44）的一生饱经忧患，几次濒临被砍头的境地。经过了人生的坎坷，晚年时，他的词已经不再具有年轻时的豪放之气，而是更加平淡质朴。但这种平淡和质朴并不是内容空洞、缺少意蕴，而是虽风格朴实无华，但内容充实、意蕴深远。这种平淡是从绚丽转化而来的，是绚丽的极致，是一种自然天成的境界，这种境界是需要长时间的努力才能达到的。

关于绘画，苏轼主张形似与神似的统一。形似并不是论画的唯一标准，但是它是绘画中艺术形象得以成立的基础。绘画中要做到形似，符合客观事物的真，做到合乎实际，不能只为了追求内在精神的相似而舍弃了外在形象的真实。另外苏轼还谈到了事物的规律性，将它定义为“数”。他认为人们在写诗或绘画时，可以发挥创造性，但是要以符合事物的规律为前提。但是绘画又不能完全按照规律来画，而是应该“随物赋形”，根据具体真实的事物来

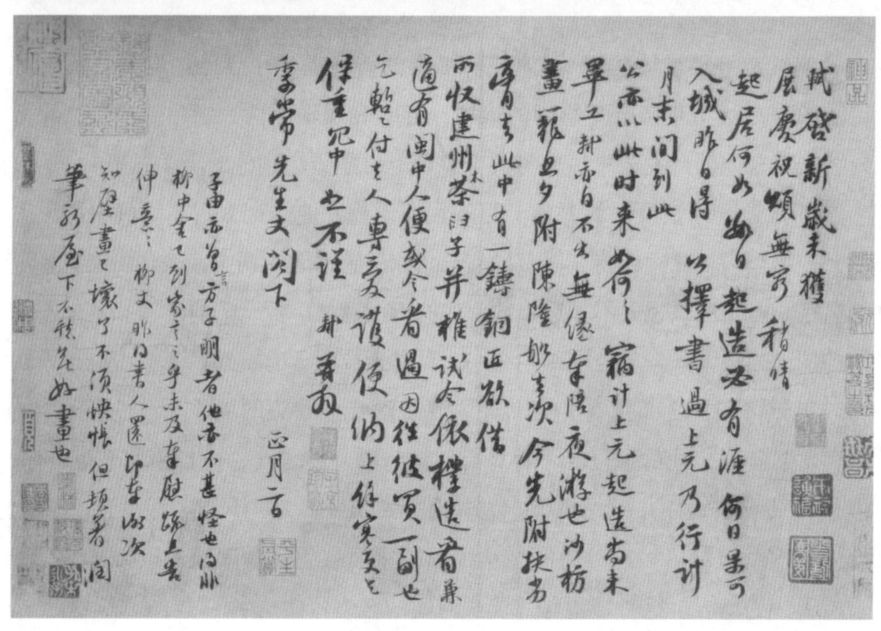

上：【图 45】 ［北宋］苏轼《墨竹图》（局部）

下：【图 46】 ［北宋］苏轼《新岁展庆帖》

进行创作。按照规律来画，画出来的形象虽然也能因为符合规律而具有真实性，但是并不是“活生生”的，没有个性和特点。“随物赋形”则因为是以具体事物为根据和参照而能够画出事物的特殊性，画出不同的姿态。苏轼认为美就在于表现事物的个性、特点，表现生活的千姿百态（图 45）。

关于书法，苏轼将其比喻成人的生命与活动。他认为书法与人体一样，具有“神”“气”“骨”“肉”“血”五方面，其中“神”和“气”属于内在精神，因此可以统称为“神”，“骨”“肉”“血”属于外在形体的组成部分统称为“形”。苏轼要求书法要将这五个方面统一起来，形神兼备，才能体现出生命的意味（图 46）。而且他将楷书比作人站立，将行书比作人行走，将草书比作人快跑，这是十分形象的，同时也准确地揭示出楷、行、草各体的本质特点。

他认为，想要将书法练好，具有深厚的功底和精湛的技巧，是需要付出巨大努力的。而且苏轼在书法上主张不拘成法，主张自由，主张具有创造性和个性，而这种自由是由不断的刻苦学习积累而来的。创作时能达到不拘成法，前提是对于成法的学习和融会贯通。

苏轼的这些美学思想十分深刻，对于后世诗词、绘画、书法的创作起到了指导作用，对后世产生了深远的影响。

【图 47】 [南宋]刘松年《西园雅集图卷》(苏轼、黄庭坚、米芾等盛会于王诜西园的场景)

“点铁成金”和“夺胎换骨”

黄庭坚与苏轼都是宋代著名书法家，他们与蔡襄、米芾一起被称为宋代书法四大家（图 47）。黄庭坚将禅宗禅意带入书法中，主张以禅喻书，援禅入书，在理论上有很高的建树。当时宋徽宗和宋高宗都十分推崇黄庭坚的书法，朝廷上下因此一度纷纷学习黄庭坚的书法，风靡一时。

黄庭坚早年曾拜黄龙派祖心禅师为师，深受禅宗影响，因此，他常以禅的思想来比喻书法，并将禅意带入到书法创作中。他认为书法创作的状态就像是佛教所说的“随缘”的状态，这是一种面对事物任其自然的状态，是一种来去自由的状态。在这种状态下创作，就能心手相应，排除成法等外在条件的干扰，自由地将感情抒发在书法创作中。

这样做的结果就是使书法具有韵味。对于书法中的“韵味”是什么，黄庭坚并没有作明确的解释，但是他在一些文章中曾用“语少意密”来讨论“韵”，可见语言少而意义深厚，这种含蓄的特点是“韵”的一方面。另外，黄庭坚认为，要想实现“韵”，应该运用以虚写实的表现手法。以虚写实，虚的部分是空白，可以引起观赏者的想象，使作品余味无穷（图 48）。

书法以外，在诗歌方面黄庭坚与苏轼并称为“苏黄”，是江西诗派的领导者和核心。江西诗派是我国文学史上第一个有正式名称的诗文派别，诗派成员多学习杜甫，主张对古人的继承，遵循由黄庭坚提出的“点铁成金”和“夺胎换骨”的方法，是宋代最有影响的诗歌流派。

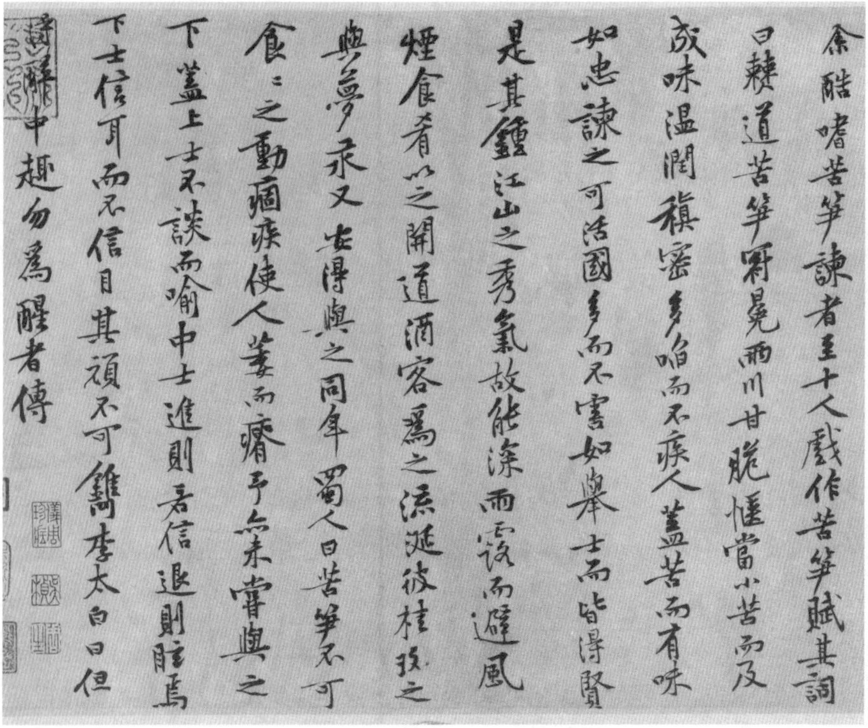

【图 48】 ［北宋］黄庭坚《苦笋帖》

“点铁成金”是指改动古人原来文章中的语言，使之更加出色。黄庭坚在诗歌方面十分推崇杜甫，在文章方面则推崇韩愈，他认为诗人作诗、写文章时，完全自己创作、说自己的话是十分困难的，而杜甫和韩愈善于吸收前人的成果，为自己所用，就解决了这一困难。他说，杜甫和韩愈的诗文“无一字无来处”，虽然有些夸张，不过，指出了他们对前人的继承和学习，也为自己的“点铁成金”理论提供了依据。

语言具有继承性，并非一个人说了另一个人就不能再说，而且古人的语言也是经过推敲和锤炼而写成的，具有很高的价值，值得后人借鉴和学习。另一方面，诗歌是人情感的表达，古今中外的人思想情感都有相通之处，古人将思想情感凝结在诗文中，今人对它们进行适当的改造，甚至原封不动地挪用，也能在一定程度上表达今人的思想情感。因此，继承古人的传统，学习古人的语言，也是一种创作方法。

“夺胎换骨”是对“点铁成金”的补充，是做到“点铁成金”的方法。它是指吸取古人诗文中的意思，而用自己的话来说。

黄庭坚的“点铁成金”和“夺胎换骨”说，历代都有褒有贬，褒者多认为这是对前人巧妙的继承，贬者则认为这是对前人的剽窃。其实，这种方法运用得好，也是一个作文章的窍门，但也要明白，这并不能成为文学创作的主要方法。因为文学要有所改变、进步、发展，最根本的还是要依靠创造，只有创造才能赋予文学源源不断的生命力。

朱夫子的“道”和“理”

朱熹（图49），字元晦，号晦庵，世称朱子，南宋著名的理学家、哲学家，是孔子、孟子以来最杰出的弘扬儒学的大师，是宋代理学的集大成者。

朱熹认为观念性的“理”是世界的本体，是人们一切行为的标准，即“天理”。气与理同时存在，但是气是末节，理是根本。同时，朱熹对“人欲”十分反对，他认为“人欲”是破坏和谐的。因此，朱熹提出了“存天理，灭人欲”的主张，这是他思想的核心。

朱熹所指的“人欲”是什么呢？他说，人饿了要吃饭，渴了要喝水，这是维持生命的正常欲求，不是“人欲”，而人们满足了维持生命，却要追求美味，就是“人欲”了。可见，朱熹不反对正常的感性需求。

朱熹的美学思想主要集中在他的“文从道出”观点和对艺术欣赏与批评方面的见解。

朱熹对于“道”的理解是等同于“理”的。他认为“道”与“文”是贯通在一起的，“文”从“道”中生出。他以一棵树为例，说“道”是树木的根本，“文”是树木的枝叶。“文”既然是从“道”中生出的，那么“文”也就是“道”。“道”要借“文”来发挥自己的作用。从这方面看，“文”的存在，不仅是必然的，也是必要的。

从朱熹对于诗文的品评中可以看出他的审美理想。

作为一个理学家，朱熹是十分重视文学作品中的义理的。但是朱熹并不

【图 49】　朱熹

只注重义理，他还十分重视文章中的“真味”，也就是文章应该具有真实的情感。朱熹十分推崇屈原的作品，认为屈原的文章中情感真挚而强烈，具有“真味”。作为一个儒者，他对美的看法，也必然会带上儒家思想的色彩。他在诗文等作品的境界上特别看重“和气”与“浑厚”，就像孔子对《诗经》中诗歌评价那样“乐而不淫，哀而不伤”。也就是说，艺术作品的情感表达要有一定的度，要符合社会道德的标准。人们阅读了这样的文学作品之后，就会被其中的感情所感动，受到影响和教育。另外，在艺术作品的格调方面，朱熹主张文学作品应该具有大的“气象”，表现为令人震撼的场景，等等。他还喜欢雄健有力的格调，但是他也不排斥其他格调的作品。虽然注重格调，但是朱熹反对刻意雕琢，他注重“自然”，喜欢平易的文风。

在艺术作品的欣赏方面，朱熹强调“涵泳”。“涵泳”，简单理解就是指深入体会，是古代人们对文学艺术鉴赏时的一种态度和方法。朱熹认为，很多诗文中会用“兴”的艺术手法，例如《诗经》中的一首诗在写周王培养出很多人才这一意思时，在前面先写了广阔无垠的银河是天空的花纹来作为起兴，引起后面对周王的描写和赞美。朱熹指出，诗歌中具有很多的意象，这些意象是一个活的整体，有自己内部的逻辑和血脉，互相联系，共同表达诗文的意蕴。因此，人们在对诗文进行理解时，就要反复“涵泳”，反复体会，把握意象的整体性，从而体会诗歌所表现的意境和美感。

朱熹虽然是一个理学家，主张“灭人欲”，但是他的这些美学思想还是具有合理性又对人们产生了一定影响的，是值得理解和学习的。

洞察力和求知欲极强的朱熹

朱熹幼年时代就表现出探索生命意义和追求儒家理想的强烈兴趣。据说他在4岁时，问他父亲：“我们头上浩渺无垠的这一片空旷是什么？”父亲回答他说：“这是天。”他随即又问道：“那天之外又是什么呢？”父亲听了大为惊异，他小小年纪竟有如此追问！父亲因此认为他是可造之才，对他精心培育。朱熹的父亲也是当时著名的学问家，在父亲的熏陶和精心教诲下，少年时代的朱熹勤思好学、刻苦自励，很快便博通经史，他广博的学识和深厚的学问，为他研习理学打下了深厚的基础，他旁征博引、深刻思索，结合自己对佛家、道家思想的思考，最终建立起了庞大的思想理论体系——程朱理学。

审美需要“林泉之心”

郭熙，字淳夫，北宋山水画家、绘画理论家，善于画山水画，因为临摹李成山水画受到启发，笔法大进，曾是宫廷画院的重要成员。存世作品有《早春图》《山村图》《幽谷图》等。郭熙在画论方面很有建树，总结出对四季山水的审美感受及山水构图三远法等。他的《林泉高致》一书，是宋代最有价值的画论著作之一。

郭熙在《林泉高致》中提出了“身即山川而取之”的命题。

“身即山川而取之”是说要置身于山水之中，亲身感受山水，将自己的情感赋于山水之中，才能发现自然山水的美，才能创造出美的意象（图50）。郭熙将画山水与画花儿和竹子作比较，他指出，画花儿时，将花儿放在深坑中，画家从上面俯瞰，就能看到花儿的四面；画竹子时，将一枝竹子取下来，在月光下将竹子投影在墙壁上，就能看出竹子的真正的形状。而画山水与画花儿和竹子不同，画山水要置身于山水之中，才能发现和把握自然山水的美。

同样是在自然山水中游玩，面对同样的山水，有的人能够发现山水之美，有的人发现不了，有些人能十分强烈地感受到这种美，有些人的感觉就没有如此强烈，造成这种现象的原因是什么呢？郭熙认为，这是由于人们的审美能力不同。面对美的事物，人们还要有一颗审美的心胸，才能进行审美活动。郭熙将这审美心胸称为“林泉之心”，这是进行审美活动的主观精神条件。

“林泉之心”是指纯洁的心胸，内心不受世俗功利的烦扰，不死气沉沉，

【图 50】［宋］佚名《柳院消暑图》

平静而愉悦，充满生机和力量。有了这样的心胸，才能体会到外界自然事物之美。“林泉之心”不仅在自然事物的审美过程中是必要的，而且在创造审美意象的过程中也是必要的。因为只有具有这样的审美心胸，才能发现事物的美，并将这种美与自己的感情相融合，创造出审美意象。另外，郭熙说，人们在读诗赏画时，如果不能静静地坐在那里，消除内心的烦扰，那么诗句和画面中的美的意蕴就无法体会到。这说明，在艺术品的欣赏过程中，也是需要“林泉之心”的。

“身即山川而取之”还要求画家要对山水作多角度的观察和审美。因为山水并不是固定不变的东西，也不是只有一面，它们是变化多端且具有多个侧面的，因此要多角度地进行审美。郭熙指出，山水在不同时节的景象特点是不同的，春夏的山水怡然、蓊郁充满生机，秋冬的山水则萧条、惨淡。山是立体的，有多个侧面，每一个侧面的具体景象都是不同的。因此，自然景物会随着时间和空间的变换而呈现不同的特点，在对自然景物进行欣赏时就要从远近、正反、春秋、早晚等多角度进行观察。在这多种角度中，郭熙最看重的是远望。他认为，对于山水，虽然近看可以把握它们的细节和特点，但是远观更能把握它们的气势，从而创造出高远的意境。

“身即山川而取之”还有一个要求，就是画家对山水的审美要有一定的广度和深度。要欣赏得多并且体会得深，只有这样，才能创造出完美的意象。因为画家在创作山水画时，要将自然山水的外在特征和内在特点及生命力都表现出来，山水画中的意象是对自然山水的提炼与概括，而且意象应该具有整体性，是自然山水的形象和作者情感的统一，是有生命的整体，富有意蕴。而要创造出这样的意象，就有赖于艺术家对山水进行具有深度和广度的欣赏。

郭熙“身即山川而取之”的命题影响是深远的，对现代山水画的创作和欣赏都具有很好的指导作用。

山水因“远”而境美

山水画是重视“远”这一意境的。北宋山水画家郭熙就很重视山水画“远”的意境，他提出了山的“三远”。

郭熙在《林泉高致》中提出，山有三远：从山下仰望山巅，叫作“高远”；从山前窥看山后，叫作“深远”；从近山来望远山，叫作“平远”。这是郭熙从不同的角度来看山所形成的不同感觉的“远”。他十分看重对山的远观，认为对于山水，虽然近看可以把握它们的细节和特点，但是远观更能把握它们的气势，从而创造出高远的意境。

为什么山水画十分重视“远”这一意境呢？这要从山水画的兴起来探究。

山水画，顾名思义是以自然山水等景物所作的画。它形成于魏晋南北朝时期，但当时尚未从人物画中完全分离。魏晋南北朝时期，政权更迭频繁，文化也因此受到影响，人们纷纷逃离乱世，想在自然隐逸的环境中寻求一种安静、平和的生活，因此，以崇尚自然无为的道家思想为基础的魏晋玄学兴起。魏晋玄学追求“道”，也追求“远”，因为“远”通向“道”，“道”是事物的本体，是世界的本原，它与现实中具体的、有限的事物相区别，是无限的，因此是远的。山水画就是在这样的背景下兴起的。“意境”也是要求超出有限的物象来追求无限的意蕴，追求“道”，这就和“远”密切相关。山水画在魏晋玄学的影响下兴起，要具有意境，就必然和“远”紧密联系。

为什么“远”的意境可以使山水画具有美感呢？因为山水是有形的东西，

【图 51】［北宋］郭熙《早春图》

“远”的意境可以使山水画超越这一有形的限制，将人的目光伸展到远处，这样就能引发人的想象，从有限的东西生发出无限的韵味。山水画正是通过将有限与无限统一起来，将虚与实统一起来，表现了“道”，表现了宇宙的生机，才会使人欣赏它时，体会到一种自然的、无限的美感。同时，山水画将人的精神引向自然山水中，使人的精神从纷繁复杂的社会生活中逃离出来，同时，在山水画“远”的意境中体会到一种超脱现实的、无限开阔的感觉。这种感觉会使人内心变得宁静，心胸变得开阔，因此是美的。

郭熙的《早春图》(图 51）就表现出了这种“远”的意境。这幅画以全景式高远、平远、深远相结合来构图，描绘的是早春时节北方大山的景象，山间浮动着淡淡的雾气，远处山峰挺拔高耸、气势雄伟；近处山石连绵不绝、树木丛生；山间泉水淙淙而下，汇入河谷，楼宇掩映于山崖丛树之间。整幅画面气势宏伟，令人觉得既深且远，感受到大自然山水的雄奇、伟岸、充满生机。

由此可见，山水画“远”的特点是十分突出的，这种“远”之所以能够给人带来美感，不仅仅是通过画面效果来扩大了人的视觉范围，而且重要的是，它在心灵上给人以开阔之感，这种开阔之感会使人联想到世界万物的无限，联想到时间历史的无涯，也会联想到漫漫人生的价值，等等。正是这一点，使山水画因为“远”而给人以回味无穷的美感。

醉翁之意在“辉光”

欧阳修（图 52），字永叔，号醉翁，谥号文忠，故世称欧阳文忠公，北宋卓越的政治家、文学家。他提出的“中充实则发为文者辉光”和“诗穷而后工”的命题，分别阐述了“道”与“文”的关系和怎样达成诗文创作的美感的问题。

欧阳修认为，“道”是可以被人认识、效法和执行的。“道”不应是道家所说的抽象的世界本原，也不应是儒家所指的抽象的社会教条，而是符合一定标准的与社会紧密联系的事物。他认为，“道”就是人们种树、养蚕等最基本的社会生活，提倡“道”应该是文章中的内容，而“文”是表现“道”的，是“道”的形式。“道”是诗文写作的本源和动力。诗文表现了“道”，内容充实，而且外在形式光辉、美好，文章才会美。

欧阳修所说的“道”与“文”的关系，其实是文章的内容与形式的关系。他认为“道”是文章的内容，是更本质的东西，“道”在一定程度上影响着“文”，但是它们是不是有必然的联系呢？有了“道”，内容充实了，是不是形式就一定是美的？不是的。欧阳修还看到了形式的独立性的一面。

欧阳修提出了“个性”这个重要的因素。他认为每个人都是通过自己的个性接受“道”的，也会用自己的方式来表现这一内容。每个人对“道”的理解各不相同，因此，文章的内容就会具有各自的独特性。形式也是如此，人们的个性与审美兴趣不一样，所作的文章的语言风格、结构方式就会各不

【图 52】 欧阳修雕像

相同。这是必然的，每个人的社会经历不同，养成的性格、气质也会不同，另外，每个人所受的教育和各方面修养程度不同，这些因素反映在写作等创作活动中，就会对内容和形式产生影响，使之各有不同。

在此基础上，欧阳修提出了“诗穷而后工”的观点。“穷”是指政治上受到挫折，无法施展自己的才能。“工”是指精巧、细致，也就是指创作的作品很成功（图 53）。因此，“诗穷而后工”是指人在政治上的失意，往往能使文学创作取得成功。这一观点是欧阳修提出来的，但是欧阳修之前，也有很多人表达过相似的思想。例如，西汉史学家、文学家司马迁就曾说过，《周易》《离骚》等伟大著作，大都是圣贤为了抒发内心的抑郁之情而作的。

这种说法是有一定根据的。心理学研究表明，忧愁、怨愤这种负面情绪比愉悦、快乐这种正面情绪具有更大的力量，会更使人想要寻找方式发泄出来。而且，忧伤的情感比欢乐的情感具有更强的感染力。人们如果欣赏一部喜剧，往往笑过之后，很快就忘记了，但是如果看了一部悲剧，则更容易在心里产生震撼，会为悲剧而伤感，甚至会花很长时间来思考产生这一悲剧的原因。悲剧较多地揭示了社会的矛盾和本质，所以具有强烈的感染力，在忧愁、怨愤的情绪下所写的作品也是这样。按照传统的儒家观点，优秀的诗歌应该是包含"道"的，是要具有深刻的社会内涵，对人民具有教育感化作用的。它应该对政治的得失和社会上的不平之事有所反映或影响。在政治上不得志或者在生活中受到挫折的人，更容易接触到社会的矛盾，了解人间疾苦，因此，他们所写的东西就更能反映真实的生活，也更能让人感动。

"诗穷而后工"的规律在很多情况下是符合的，但并不是说，一定要在生活中遇到困难和挫折后才能写出好的作品。有很多作家没有这样困顿的生活经历，但是因为热爱生活，善于观察与总结，也能创作出好的作品。因此，对于"诗穷而后工"这一命题的理解要全面。

富贵者之乐与山林者之乐

欧阳修说，"富贵者之乐"是指想要得到什么就可以得到什么的快乐，这种富贵、奢华的生活必然是与权力和金钱密切联系的。在古代，实现这一乐趣的途径往往是做官。而"山林者之乐"，顾名思义，就是以山林为乐，寄情山水之中，它的乐趣来自对自然之美的欣赏。自古中国的知识分子就将它作为人生的一大追求。所谓"达则兼济天下，穷则独善其身"，意思就是说如果政治上得志，就要造福于天下的百姓，如果政治上不得志，就要让自己变得更好。"兼济天下"的方式往往就是做官，享受"富贵者之乐"；"独善其身"的方式则常常是隐居，寄情于山水，享受"山林者之乐"。

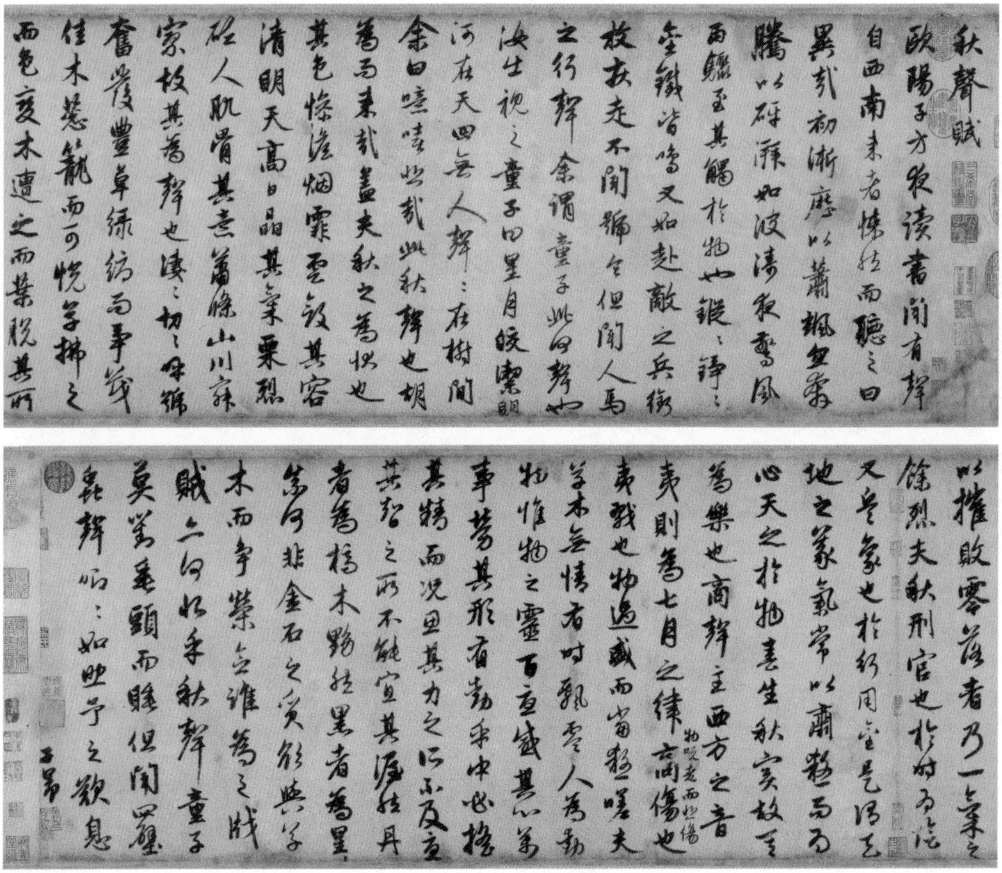

秋聲賦
歐陽子方夜讀書聞有聲
自西南來者悚然而聽之曰
異哉初淅瀝以蕭颯忽奔
騰而砰湃如波濤夜驚風
雨驟至其觸於物也鏦鏦錚錚
金鐵皆鳴又如赴敵之兵銜
枚疾走不聞號令但聞人馬
之行聲余謂童子此何聲也
汝出視之童子曰星月皎潔明
河在天四無人聲聲在樹間
余曰噫嘻悲哉此秋聲也胡
為而來哉蓋夫秋之為狀也
其色慘淡煙霏雲斂其容
清明天高日晶其氣慄冽
砭人肌骨其意蕭條山川寂
寥故其為聲也淒淒切切呼號
奮發豐草綠縟而爭茂
佳木葱蘢而可悅草拂之
而色變木遭之而葉脫其所
以摧敗零落者乃一氣之
餘烈夫秋刑官也於時為陰
又兵象也於行用金是謂天
地之義氣常以肅殺而為
心天之於物春生秋實故其在
樂也商聲主西方之音
夷則為七月之律商傷也物既老而悲傷
夷戮也物過盛而當殺嗟夫
草木無情有時飄零人為動
物惟物之靈百憂感其心萬
事勞其形有動於中必搖
其精而況思其力之所不及憂
其智之所不能宜其渥然丹
者為槁木黟然黑者為星星
奈何以非金石之質欲與草
木而爭榮念誰為之戕
賊亦何恨乎秋聲童子
莫對垂頭而睡但聞四壁
蟲聲唧唧如助予之歎息
子昂

【图 53】［元］赵孟頫的书法《秋声赋》（该赋为欧阳修所作，抒发其内心的苦闷及人生不易的感悟）

诗品即人品，天然才清新

元代最突出的艺术形式是杂剧，相比之下，诗歌居于次位。但是元代两位诗人元好问和方回对诗歌的思考和论述中，涉及的诗品与人品的关系，以及诗歌中“清”这一美学品格，对后世具有启发和指导作用。

元好问是由金入元的诗人，金灭亡后，他毅然结束了仕途生涯。他的诗词风格沉郁，多是伤时感事之作。他的代表作《论诗三十首》在中国文学批评史上颇有地位，其中对诗品与人品的探讨很有新意：

心画心声总失真，文章宁复见为人。
高情千古闲居赋，争信安仁拜路尘。

“心画”是指书法，古人认为书法能够表现作者的内心情感。“心声”是指文章，古人认为文章也是作者内心情感的表达。《闲居赋》(图 54) 是西晋文学家潘岳所作，潘岳，字“安仁”，也是古书中常提到的“貌比潘安”中古代美男子潘安。最后一句“安仁”就是指潘岳。元好问在这首诗中指出，文章、书法等有时不能真实地表现一个人的品性、为人，他举了潘岳作《闲居赋》的例子。《闲居赋》是潘岳的一篇散文，总结了自己为官的经历，表现出对官场的厌倦和隐逸情怀。如果只看这一篇赋，根据“文如其人”的原则，那么潘岳应该是一个淡泊名利、豁达高雅的人，但事实并非如此。根据《晋

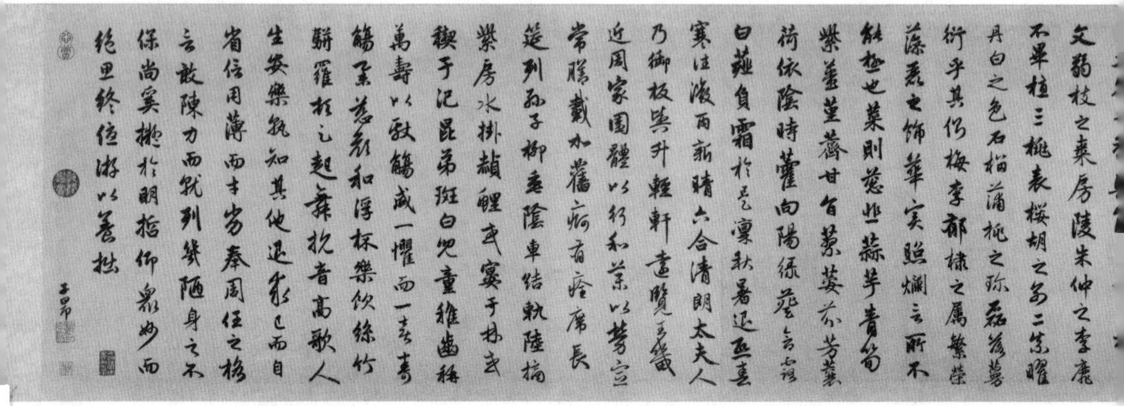

书·潘岳传》记载，潘岳性格浮躁，追逐利益，善于迎合权贵。贾谧是当时有权势的人，潘岳经常与石崇一起，看到贾谧外出，就对着车子后面扬起的尘土下拜，后来因为仕途不顺而作了《闲居赋》。可见，他在赋中表现的隐逸情怀和淡泊名利的思想在一定程度上是装出来的。

“文如其人”“字如其人”等说法在一定程度上是正确的，但是有两个前提。首先，作者在创作作品时应该是真诚的，真诚地想要把自己真实的情感、思想表达出来，真诚地对待读者、作品和自己的内心，这样才能在文章和书画中表现出真实的自己。这样读者从作品中感受到的一切，包括作者的品性，才能是真实的。其次，还要求作者要有一定的技巧。因为不管是情感还是作者本身的性格、品质都是复杂的，是不容易说清楚的，这就需要作者懂得如何用真实而易于被人理解的方式来表现。这样呈现在作品中的内容才能更加真实。

另外，元好问针对诗歌的特点，还提出了“天然”这一主张。“天然”就是“自然”，是真实、清新而不造作。这种天然美自魏晋以来一直很受推崇。同时期的另一位诗人方回，也提到了诗歌的另一个特点“清”，这与元好问的“天然”是相似的。

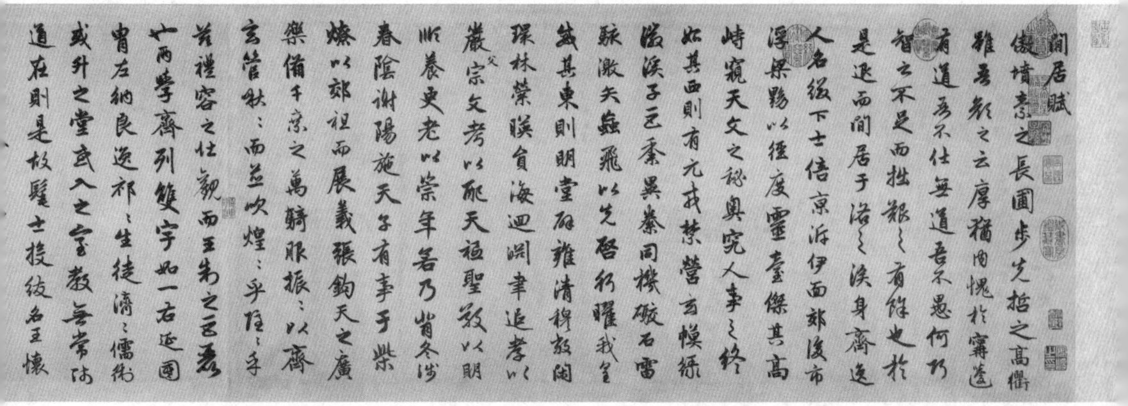

【图 54】 ［元］赵孟頫《闲居赋》

方回是由南宋入元的诗人、诗论家，他善于逢迎，追求做官，后来被罢职，才致力于对诗歌的研究和评论。方回对“清”这种诗歌特点和美学风格十分推崇，他用自然中的事物形象的例子来说明什么是“清”。他说天空中没有云彩是清，水中没有污泥是清，风凉爽、月皎洁才算清。一天之中夜间的气最清，一年之中秋天的气最清。在空旷的山谷，“鹤唳龙吟”是清，松竹上结有霜雪是清，寂静之时的笛声、琴声是清。虽然方回并没有明确地说明什么是清，但是人们从这些例子中可以感受到，清具有静、淡等特点。大体上说，“清”具有儒家和道家两种思想传统，既包括儒家的礼义、雅正，也包括道家的清高和隐逸思想。因此，“清”作为美学风格，是指“静”“淡”“简”。它表现在诗歌中就是一种恬淡、清新和自然的感觉。可见，方回和元好问对诗歌的“自然”“天然”的特点是十分重视的。这也表现出那个时代人们在诗歌风格上的追求。

从意与象到人与心：明代美学

（1368—1644年）

明代中后期，城市经济繁荣，受市民欢迎的小说、戏曲等通俗文学发展起来。在思想领域，王阳明主张“心外无物”，将人心提到了极高的位置。在其影响下，明代出现了一股重视人心、真情，张扬个性的美学思潮。另外，园林美学开始凸显出来，丰富了中国的古典美学理论。

【图55】［明］王履《华山图》（局部）

“吾师心，心师目，目师华山”

中国历史发展到明清时代，进入了一个总结的时期。明清时期很多学者在传统的思想和科技方面都在不同程度上对前代进行了总结，并在此基础上提出自己的观点。在中国美学方面，清代前期是它的总结时期，明代则是这一总结的准备时期。绘画领域，王履的《华山图序》和祝允明对“象”和“韵”关系的分析都对审美意象进行了进一步的探讨。

王履，字安道，号畸叟，昆山（今属江苏）人，明代初年的著名画家、医学家。曾作《华山图》(图 55）四十幅，《华山图序》是他的一篇美学论文。在这篇论文中，他提出了“吾师心，心师目，目师华山”的思想。“师”是榜样、效法、遵从的意思。“华山”在这里用了指代的艺术手法，指代具体的客观事物。这句话是说，我要遵从自己的心意，心要遵从自己的眼睛所看到的，眼睛则要遵从华山等自然客观事物。

王履对这一观点的阐释是从对绘画意象内在矛盾的分析开始的。他认为艺术作品的创作目的是要给人们看的，而这就要靠形象，形象是否逼真，是否能准确表现所画之物，是否美，是人们首先关注到的。情意也是从形象中表现出来的。因此，对形象的刻画是十分重要的。而且形象要表现情意，如果缺乏情意，形象就不能成为艺术形象。

既然艺术形象在创作和欣赏过程中很重要，那么，对于如何才能创造出成功的形象，王履又提出，要对外界现实有直接的感受，对外界事物直接的

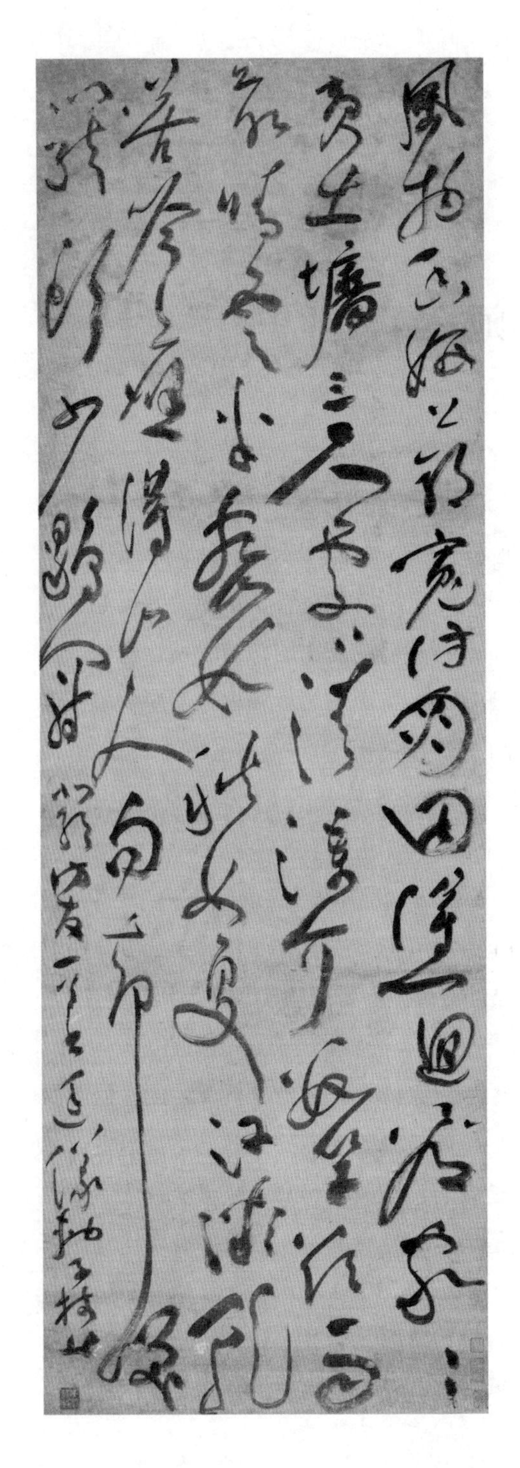

【图56】 [明]祝允明《草书北郭访友诗》

接触与感受是绘画创作的首要条件。只有亲身体验生活，画山水就置身于山水间，画花鸟就欣赏真正的花鸟，这样才能有真切的感受，才会产生情意，所创造的形象才会真实而有生气。

在王履之后的明代书法家、文学家祝允明在审美意象的创作方面，有着和王履相似的观点。

祝允明，字希哲，因右手有六指，自号枝山、枝指生，长洲（在今江苏苏州）人。能诗文、工书法，特别是他的狂草很受世人赞誉（图56），流传有“唐伯虎的画，祝枝山的字”之说。他与唐寅、文徵明、徐祯卿齐名，被称为“吴中四才子”。在绘画方面，他也强调对形象的刻画。

明代很多人在创作时，一味追求画中的韵味、神韵，而忽视了对形象、意象的雕琢，他们忽视“形似”。祝允明是十分反对这一做法的。他要求“象”和“韵”的统一，反对这种不顾具体形象的逼真而一味强调神韵的做法。强调形象的刻画，就离不开对所画之物的观察，因此，祝允明指出，艺术家应该有丰富的经历。艺术家只有走出去，亲身体验生活，在与具体事物的接触中，了解面对的对象，产生情感，才会创作出成功的美的意象。这与王履强调对事物直接的感受是相同的。

王、祝两人的观点，都是强调审美意象的创造要在对对象的直接感受中产生，要以艺术家的丰富的生活经历为基础，虽然两人都是从绘画角度说的，但是这也是其他艺术创作都要遵循的规律，对后世产生了深远的影响。

【图 57】 [北宋]张择端《清明上河图》(局部)

《清明上河图》画出了什么样的社会景象

《清明上河图》(图 57)长达 5 米多，共画了各类神态各异、绝无重复的人物 810 多个，牲畜 90 多头，树木 170 多棵，其余店铺、货品及船只等各种交通工具更是难以计数。有人说：“站在这幅画卷面前，就仿佛真的到了东京城(今河南开封)一样，感觉自己真的身处东京城车水马龙之间，唯一缺少的只是风尘扑面的感觉。”《清明上河图》的内容丰富，描绘得较为真实，技艺高超，千古以来绝无仅有。它以艺术的形式为后人展现了北宋时期都城东京生动的历史画面，描绘了宋代普通人的生活现实和精神风貌，具有无与伦比的人文价值。

王阳明的心学与美学

王阳明，本名王守仁，“阳明”是他的号，绍兴府余姚县（今浙江省余姚市）人。明代著名的哲学家和文学家，宋明理学的集大成者（图58）。他最早提出“心学”一词，并使其成为明代的主流。

王阳明思想的产生最初也是受到了朱熹的影响。18岁时，王阳明和夫人回余姚，路过广信，拜谒了当时著名的理学家娄谅，娄谅向他讲授朱熹“格物致知”的学说，之后他读遍了朱熹著作。为了实践“格物致知”，从事物中探究原理和知识，有一次他下决心要格竹来穷竹之理。但是他观察了七天七夜，仍然什么都没有发现，还因此病倒了。从此，他对朱熹的“格物致知”学说产生了怀疑。

王阳明认为，世界上的一切都是心的产物，心是万事万物的根本，心之外没有事物和道理。天地万物与人原是一体的，在最开始分开时，最精细重要的一点在人心的“一点灵明”，人们就凭借着这一点灵明将天地万物都联通起来，因此没有人心也就没有天地万物。他举例说，没有人心去仰望天之高，天也就没有高低之分，也就没有高这个价值；没有人心去俯瞰地的深，地也就没有深浅之分，没有深这个价值；同样，如果人心不去信仰鬼神，也不会认为鬼神有辨吉凶的价值，就没有人去乞求鬼神，鬼神也就不存在了。的确，自然事物的价值是相对于人而言的，如果没有人的评判和利用，自然事物的价值就不会被注意到并发挥出来。但是需要注意的是，现在人们已经知道，

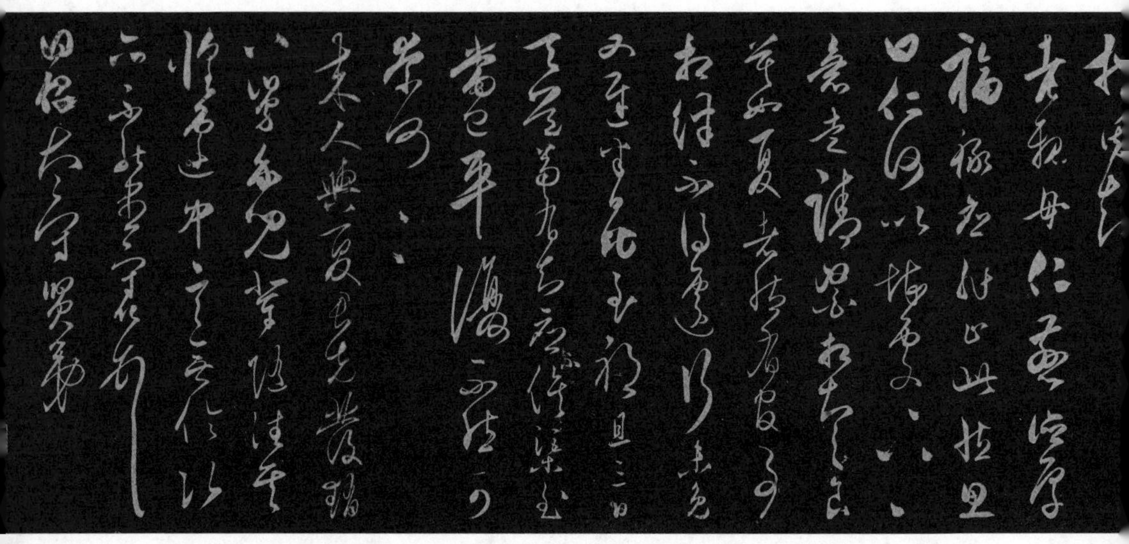

【图58】［明］王守仁《与日仁书帖》

没有人心的注意，自然事物还是客观存在的，并不是绝对的“无”。

王阳明的心学建立在自然人性论的基础上，尤其是“良知”理论。他认为人具有先天的“良知”，见到父母知道孝顺，见到兄弟知道友爱，见到有人掉到井里，自然有恻隐之情。这种“良知”是善的基础，也是美的基础，是感知世界的基础。人的心统治着身体的眼耳鼻口等，因而能够感受到自然事物，感受到美。

王阳明的这一美学思想在一个小故事中体现出来。王阳明与一位友人游玩，友人指着岩石间的花树问，人心之外没有事物，那么这些花树在深山之中自开自落，与人心有什么关系呢？王阳明回答，人们没有看到这些花树时，这些花树并没有显现出来，只有当人们看到它们时，这些花树便显出色彩，在人心中显现出来。也就是说，人没有看到花时，花无所谓美，因为这时的花并不是人的审美对象。当花被人欣赏时，是有价值的，人们将自己的情感附于花中，就能体会到花的美。

事物的美需要两个条件，一是事物本身及事物本身具有的美，二是人心。

没有事物，人心根本没有欣赏的对象，因此事物是客观的物质基础。但是，有客观事物，没有人心的感知，也不会有美感的产生，因此人心是决定因素。

在王阳明心学思想的影响下，明代出现了一股美学思潮，这一思潮的突出特点就是对人心的重视，对真心、真情的重视。徐渭的“真我”说就是很好的体现。

徐渭，字文长，明代著名的文学家、书画家、戏曲家，其诗、文、书、画、曲都达到了很高的水平（图59）。徐渭为人崇尚“真我”，艺术上也喜好独创一格，表现出鲜明而强烈的个性。徐渭认为，心是真诚的，就是“真我”，“真我”是独立而无限的，超越了一切束缚，是自由而充满生意的，这在文学创作中十分重要。徐渭指出，写诗有两种情况：一种是不以做诗人为目的，而是为了抒发真性情；另一种是为了写诗而特意设置情感来写作。前一种因为是抒发真性情，有“真我”，诗歌更容易真实而感人，后一种没有“真我”，是刻意造作，这样的诗歌并不是真正的诗歌。

徐渭的“真我”思想是受到了王阳明心学理论的重要影响，另外，李贽的“童心说”、汤显祖的“唯情说”、公安派的“性灵说”等，也都能体现王阳明心学思想的影响。

以懊恼为耻

王阳明22岁时参加科举考试，没有被录取，内阁首辅李东阳对他说：“你这次虽然没考中状元，下次科举时一定会中状元，不妨作个“状元赋”吧。”王阳明挥笔一蹴而就，在座的人都惊叹他的才能。三年后，王阳明再次参加科举考试，再次落第。他的状元父亲安慰他，此次不中，下次努力就能中了，但他笑道：“你们以没有金榜题名为耻，我却以没考中而懊恼为耻。”

從來不見梅花譜信手
拈来自有神不信但
看千萬樹東風吹着
便成春

【图 59】 ［明］徐渭《十二月花卉图》（局部）

【图 60】 李贽雕像

童心、真心、赤子之心

李贽（图 60），原名载贽，号卓吾，福建泉州人，明代思想家、文学家，泰州学派的一代宗师。他曾做官，后来弃官讲学。他反对理学要求“存天理，灭人欲”的封建迂腐思想，反对人人效法孔子，反对思想禁锢，认为每个人都有正常的生活欲望，有自己独立的价值。他的哲学带有强烈的思想解放和人文主义色彩，著有《焚书》《续焚书》《藏书》等。后来，因为他的思想主张与当时的统治思想相异，受到诬陷，被迫入狱，在狱中自杀。

李贽对烦琐、迂腐的封建理学及虚伪的假道学十分反感，他强调人的真性情。据记载，李贽于万历十六年（1588）夏天剃头入佛教以表示和尘俗断绝。他虽然表面上皈依了佛教，却不受戒，也不参加僧人的诵经祈祷。这在当时被看作是“异端”，给传统思想造成了强烈的冲击。人们都不能接受，要把他驱逐出境。李贽大胆地宣称自己的著作是“离经叛道之作”，但同时表示自己“可杀不可去”，毫不畏缩。由此可见，李贽的做法与思想在当时是具有思想解放色彩的，具有斗争性。

李贽在美学上的基本观点是“童心说”，其内容也具有个性解放的进步意义。他主张人们要具有“童心”，要突破封建思想的束缚，表达自己内心真实的想法。

“童心”是指“真心”“赤子之心”。面对一个事物或者一件事，不受外界其他思想和教育的影响，自己内心最初的、最真实的想法就是李贽所说的

“童心”。李贽认为，一个人如果学了《诗》《书》《礼》《易》等儒家经典，被其中的思想所禁锢，“童心”就丧失了，面对事物的时候就没有了自己的想法，就成了“假人”。“假人”说的话就成了“假言”，做的事就成了“假事”，写的文章就成了“假文”。人只有保持一颗纯真的“童心”，才能写出真实的、真诚的文章。因为每个人的个性是不同的，所以不能用封建道德和礼教来要求每个人都有符合主流思想的相同的观点。每个人只有从自己的阅历、性情和眼光出发，有自己的想法和感情，才能写出具有真情实感的文章，这样的文章才是好文章。

李贽反对为了写文章而特地去写文章，认为文学创作应该是对内心情感的真实表达。如果心中没有怨愤或者愉悦的情绪，刻意去写文章，就像本来不寒冷而故意颤抖，本来没有病痛而故意呻吟，这就会使文章没有真情实感，也就不会产生美感。

“童心”是指人们对于社会人事的真实的感受，作家只有摆脱封建传统观念的束缚，具有“童心”，并敢于将自己内心的真实感受表达出来，才能创作出有价值的作品。这一思想包含了个性解放的要求，具有进步性。它对于明清美学，特别是明清小说美学，产生了极为深刻的影响。

汤显祖的“情”和“梦”

汤显祖，字义仍，号清远道人，江西临川人，明代戏曲家、文学家。曾跟随著名哲学家、文学家罗汝芳读书，又受到了思想家、文学家李贽思想的影响。在汤显祖多方面的成就中，以戏曲创作为最。他反对模拟古人，也反对拘泥于格律。他的戏剧作品有《牡丹亭》(图61)、《邯郸记》、《南柯记》、《紫钗记》等四部以爱情为主题的戏剧，因都与“梦”有关，又合称为“临川四梦”，其中《牡丹亭》最著名。

从汤显祖的作品可以看出，他的美学思想核心是“情”这个范畴，美学思想主要表现在唯情说。

汤显祖认为，文学艺术的本质就是“情”，情不仅是人生的原动力，也是艺术的原动力。各种文学艺术都应该是由“情”产生的，也因为包含“情”而能感动人。

汤显祖所说的“情”是与“理”和“法”相对立的，“情”是人生来就有的，是面对事物内心产生的真实情感。“理”则是封建伦理规范，“法”是封建专制的政治法律制度，它们都是社会中逐渐形成的对于政治统治和社会治理有利的是非判断标准。在汤显祖看来，“情”与“理”“法”是互不相容的，“情”应该从“理”“法”的束缚下解放出来。

汤显祖所主张的“情”是与封建传统的“理”“法”相对立的，但是在封建社会，封建传统的“理”与“法”是占统治地位的，是很难动摇的。因此，

【图61】 昆曲《牡丹亭·幽媾》剧照

在现实中表现“情”就是一件很困难的事。所以，汤显祖就将这“情”寄托于梦，在梦中，人们充满感情，社会充满真情，这就实现了在现实中所无法实现的梦想。汤显祖创作戏剧，写“戏”就是写“梦”，在戏剧创作中，他可以编织符合自己理想的梦境，将理想化为艺术形象而得以实现。

摆脱了现实的束缚，在梦中展开情节，表现在写作方法上，就是浪漫主义。“情”是人生的真谛，为了表现“情”，艺术家可以自由发挥想象，可以突破生死的界限，通过幻想来改变不合理的现实，创造理想的世界，这集中体现了浪漫主义文学的创作方法。突破生死的界限，创造理想世界，这是在内容上突破了常规的模式。除此之外，汤显祖还主张，在艺术的形式方面，也要突破一般的模式和法则限制。他认为，艺术主要表现人的情感和意趣，不必过度看重声韵等形式美的要求。

汤显祖把艺术想象力作为艺术家最本质、最重要的属性，他很看重艺术家的想象力和灵感，这与他在内容和形式方面要求突破常规限制是相通的。艺术家只有具有想象力，才能做到突破现实与长时间形成的法则、模式，才能创作出奇妙的艺术作品。

从他的代表作《牡丹亭》中，可以体会他的创作主张与美学思想。《牡丹亭》写杜丽娘和柳梦梅超越生死的爱情故事。之所以能够超越生死，是因为汤显祖大胆运用了想象、浪漫、夸张的艺术手法，不仅显示了爱情的伟大，也表现出要求个性解放的思想倾向，更充分体现了汤显祖本人的美学观念。

汤显祖以“唯情说”为代表的美学思想对后世的影响很大，《红楼梦》的作者，清代伟大文学家曹雪芹就深受汤显祖美学观念的影响。

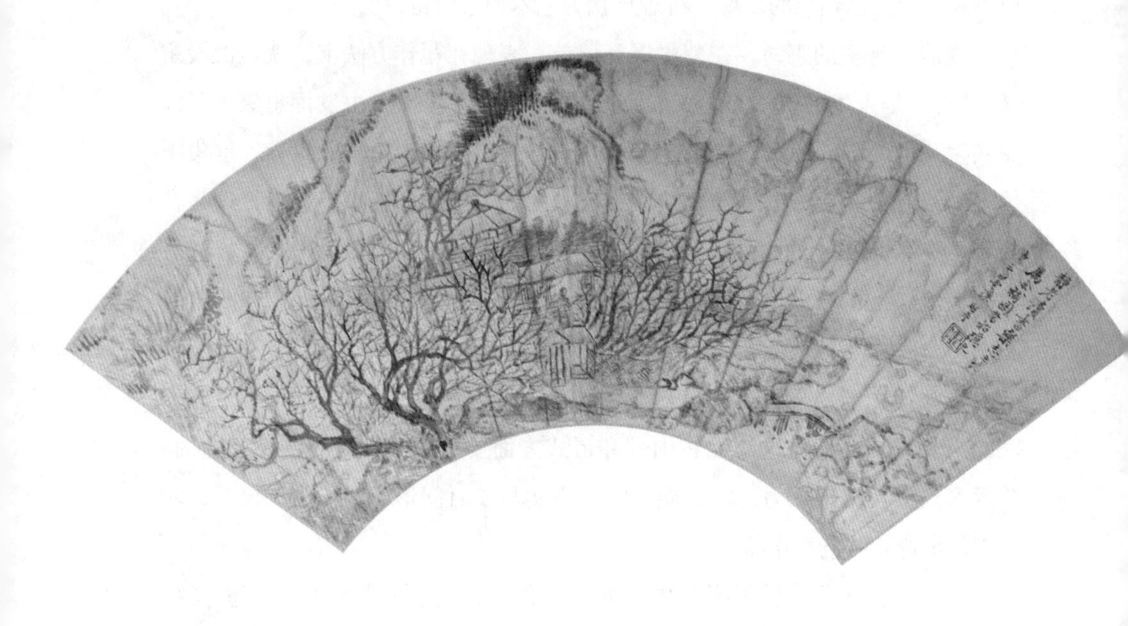

【图62】［清］恽寿平《读书乐志图》

“公安”三兄弟，性灵新主张

袁宗道、袁宏道和袁中道是三兄弟，他们都是明代文学家。他们的文学主张相似，又都是湖北荆州公安县人，因此被合称为“公安三袁”。他们是公安派的领袖，其中，袁宏道成绩最大，声誉最高。他们提出主张抒发真实性情的“性灵说”，又提出文学艺术应该随时代的变化而变化的文学发展观。他们的创作成就主要在散文方面，散文多抒写闲情逸致，自然率真、清新活泼。

袁氏兄弟与同时期的文学家李贽、戏曲家汤显祖都是好朋友，因此他们所谓“性灵说”的学术主张和审美观点与李、汤二位也比较相通。

“性灵”，首先“性”侧重于一个人的真实情感欲望，包括悲伤、快乐、喜欢、厌恶，以及追求美的事物，等等。这种情感欲望的具体内容和程度，每个人各不相同，由此也形成了每个人的本色。一个人拥有这种真实的情感欲望，并不受封建社会道德、见闻和知识的束缚，真实地表现出来，就可以说是“真人”，即真实的人、真正的人了。他们所写的文章真实地表达了自己的感情，就是“真文”。其次“灵”则侧重于人的灵气和才气。公安派认为这种灵气和才气也是天生的。文学表现“性灵”包含了两个方面，不仅要表现真实的性情，还要表现每个人的灵气、才气。只有表现了“性灵”的文章才是美的。

文章要表现人的灵气和才气，就在很大程度上具有了“趣”。“趣”是外界事物引起了人内心的欢乐和热爱之情，是一个事物给予人的美感（图 62）。

表现在文学创作中，就会使作品具有情趣、理趣，让人读来快乐而不觉得乏味。公安派并没有给“趣”下一个准确的定义，他们认为“趣”就像山的颜色、水的味道、花儿的光彩和美妙女子的姿态一样，只可意会，不可言传，只有人们亲自去感受它，才能知道。他们认为“趣”是由人的灵气与才气的流动而形成的。人的灵气流动，在作品中表现自己的真实情感，就能够使文章具有“趣”，能够给人美感。

在对“性灵说”的阐述中，公安派还提到，文章的“趣”主要来自艺术家内心情感的真实表达，而并不是学问。人的见闻和知识越多，在看问题的时候就会越受这些头脑中已有思想观念的束缚，就越不容易有自己最真实的想法，“性灵”就被束缚住了。这种观点是具有片面性的，人不能因为要保持“性灵”就放弃学习，放弃增长见闻，而且才气与灵气即使是天生的，没有了知识的支撑，也不容易发挥出来。因此，学习知识与增长见闻还是很重要的。

公安派除了提出“性灵说”，还论述了时代变化决定艺术变化的艺术发展观，这在当时是具有进步性的。

公安派说：“世道既变，文亦因之。”文学是反映客观的社会生活的，时代变了，社会中的具体事物、人事变了，那么文学也要跟着变化。如果一味模仿古人，用古人的话来描述和表达已经发生变化的社会，必然会出现偏差。因此，公安派十分反对复古。他们对复古主义的批判，无论在当时还是对后世都产生了巨大的影响。

文学是发展的，而对于文学的变革需要勇气和胆量。公安派因此也特别强调“胆”—— 他们主张只有随着自己内心的情感来说话、写文章，摆脱束缚人思想的封建旧道德、旧规范，这样才能实现文学的革新。这一点是十分符合历史发展和文学发展规律的，对后世很有启发、借鉴意义。

董尚书发现的新画种

董其昌（图 63），华亭（今上海松江）人，明代书画家。董其昌出身官宦世家，在仕途上十分顺利，官至南京礼部尚书。他擅长画山水，笔法清秀俊逸，用墨明朗而古典，常以佛家禅宗喻画，提出了“南北二宗”说，著有《画旨》《书画眼》《画禅室随笔》等著作。他的画及画论对明末清初画坛影响很大。

在绘画理论上，董其昌最大的贡献是提出了“南北二宗”说，为文人画争取到了正统的地位。董其昌认为，禅家有南北二宗，画家也能分为南北二宗。北宗以李思训父子为代表，南宗则以王维为代表。北宗好青绿山水，南宗则好水墨渲淡。他比较推崇南宗。虽然有些人认为董其昌说青绿山水是北宗，水墨渲淡是南宗过于绝对，对北宗的评价也过低，但是，董其昌将中国画分为南北二宗具有革命的意义。这意味着自唐代王维以来的新画种——文人画的确立。文人画是指文人、士大夫所作的，带有文人情趣，流露出文人思想的绘画，通常多取材于山水、花鸟、梅兰竹菊等，借以抒发“性灵”或个人抱负。文人画多表现君子人格和隐逸精神，崇尚品藻，强调神韵，很重视画中意境的缔造。这种文人水墨画更着重于表达画家的主观情感，体现出简单、自然、恬淡的风格。

艺术大体是相通的，诗文与书画可以说都是作者情感的抒发，都追求一种意境，因此，诗文、书法与绘画经常交叉起来表现，“画中有诗”“画中有

【图63】 董其昌

书”成了文人画的一大特点。诗歌和书法对于提升画的文学品位、增加画的精神内涵有很大作用。

文人画在画法上追求水墨渲淡，在意境上则要求有诗或书的韵味。“画中有诗”强调画的精神内涵，强调画要具有诗一样丰富而深远的思想、情感。画中有诗意，这是最主要的。另外，“画中有诗”一方面还可以指是以诗句为题画画，例如南宋画家马远就以柳宗元《江雪》一诗中“孤舟蓑笠翁，独钓寒江雪”两句为题作了《寒江独钓图》。另一方面也可以在画上题诗。在元代，画面上题诗，并运用书法精彩地表现出来，已经十分流行，而且这种情况下，诗歌已经成为画中不可缺少的有机组成部分。

由此，董其昌强调，“读万卷书，行万里路”是画山水时能表现出神韵的前提。他在山水的游历过程中体会诗中境界的妙处，然后将这种诗意融入绘画中，就使得“画中有诗”。

画中融入书法，在元明时期也蔚然成风。董其昌说“以草隶奇字之法”作画，也就是用书法的写作方法来作画。书法要求字要有“骨力”，而绘画中在表现某些事物时，也强调“骨力”的表现，例如山、树等，就可以用书法的方法来作画。将它们融会贯通，更容易体会到其中的妙处。

写字难看的董其昌

17岁时，董其昌参加松江府会考。他在考试中发挥出色，写了一篇非常出色的八股文，以为必定夺魁，谁知发榜时竟屈居自己的堂侄董原正之下。原来，知府嫌他试卷上的字写得不好，文章虽好，也只能屈居第二。董其昌从此发愤学习书法。经过十多年的刻苦努力，董其昌的书法有了很大的进步，成为杰出的书法家。

【图 64】 计成

最早的园林美学专著《园冶》

历代的诗、词中有大量的描写园林景色的名句，散文中也有很多记叙园林的名篇。同样，明清小说和戏剧中，也有很多内容反映出园林艺术的发展。明代建筑家计成（图 64）的《园冶》是中国古代最完整的一部园林美学专著。

计成是中国明末的造园家，喜好游历风景名胜，少年时就以画山水画而著名，中年时定居镇江，以造园为主。在一次参观假山制作时，他提出了按真山形态堆砌假山的构想，并亲自动手完成了这座假山工程，使这座假山看上去宛若真山一般，于是闻名遐迩。他后来为很多人制造过园林。《园冶》就是他根据自己丰富的实践经验整理完成的。

首先，计成认为建造园林时设置的一切都是为了人的审美，为了给人一个超脱世俗、远离红尘的感觉，虽然园林是建造在现实世界之中，但是借助于山水美景，使人在其中就如在画中一般。因此，园林建筑与其他建筑的不同主要在于，一般的建筑是要满足人居住的功能，而园林建筑除了这一功能，还要满足人的审美功能，让人在园林中感受到自然的美。因此，建筑者就要考虑如何将自然美景纳入到建筑中来，满足人的审美需要。而且，要满足人视觉、听觉、触觉、嗅觉等多方面的审美需要。人在园林中，不仅可以观鱼游，可以听鸟鸣，还可以闻花香，感受清风吹拂，这就从多方面感受到了美。建造者在造园时应该注意景观的构成和组合，使园林能够多方面满足人的审美需要，这虽然没有一定的规矩，但是计成认为要“得体合宜”。“得体合宜”

最重要的就是善于从园林原有的山水形态出发，依山借水，通过借景来制造美感（图 65）。

借景、分景、隔景、虚实相生等是园林建造中常用的手法。采取这些手法，是为了对有限的空间进行重新组织，在视觉上和心理上扩大空间，丰富美的感受。借景是把欣赏者的目光引向园林之外的景色，从而突破有限的空间而达到无限的空间。分景、隔景都是通过分隔空间，增加景色的层次，在观赏者的心理上扩大空间感。虚实相生是指，在看似山穷水尽的地方，一折而豁然开朗，又出现了一片天地，这是虚中有实；在院墙上修饰一个门，用竹石掩映，看似是相通的，实则不然，这是实中有虚。无论是虚实相生还是分景、隔景、借景等，都是为了扩大空间在视觉上和心理上的感觉。有限的空间和景色经过加工，增加了层次感和趣味性，会使人产生更多的美感。

在扩大景色范围这一过程中，窗子、亭子等建筑起到了很大的作用。人

【图 65】［明］文徵明《东园图卷》（局部）

们透过窗子可以接触到外面的景色。亭子的四周也是开阔的，可以吸收和聚集无限空间的景色，给人丰富的感受。园林中的一切亭、台、楼、阁等建筑，都是为了使游览者可以透过这些建筑看到低处、高处、远处的风景，扩大游览者的视觉范围，丰富游览者对空间的美的感受。人们通过这些园林建筑，突破有限，通向无限，构成自然和人生的无限广阔的意境，感受到整个宇宙、历史、人生的无限，产生富有哲理性的感受和领悟。

而且，不但有楼阁这样的实景，还有“声”“影”“光”“香”这种景外之景。意境的创造，不仅要重视实景，而且要重视虚景。月影、花影、树影、雨声、水声、鸟声等种种虚景，在构成园林意境中有很重要的作用，有助于园林意境的创造。

计成的《园冶》是中国园林学的经典，其中的思想在现代园林建设中仍具有指导意义。

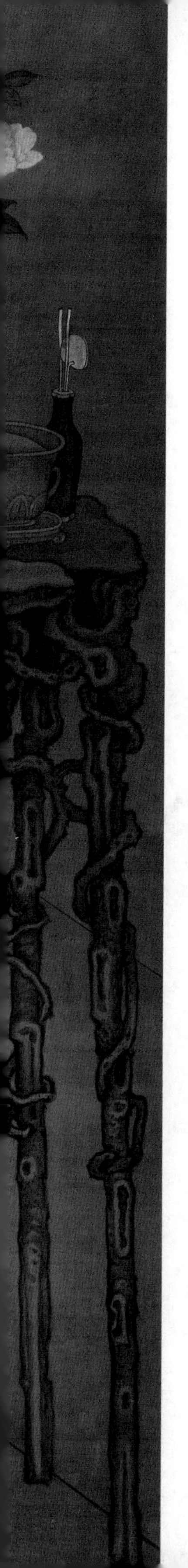

第七章

于继承中发扬：清代美学

（1644—1911 年）

清代，中国古典美学进入了总结时期，出现了王夫之的美学体系、刘熙载《艺概》的美学体系等。戏曲与小说一路高歌猛进，李渔对戏剧创作与演出等方面的论述十分丰富。金圣叹对《水浒传》的评点、脂砚斋对《红楼梦》的评点等，涉及小说情节的设置、人物的塑造、真实性与创造性等问题，其美学思想对后世产生了深远的影响。

【图66】 [清]任薰《水浒人物》(局部)

金圣叹的小说美学

金圣叹，名采，入清后改名人瑞，字圣叹，明末清初著名的文学家、文学批评家，吴县（在今江苏苏州）人。金圣叹一生博览群书，也评注了很多著名的古书，可谓中国美学史上的一位天才。他的美学思想在深度和广度上都达到了很高的水平，应该说中国古典小说美学到了金圣叹这里才算是真正建立起来。

金圣叹在阐述小说真实性问题时是从真实性与小说传奇性的关系方面来说的。小说的传奇性是指小说具有的离奇和不同寻常的特点，比如描写牛鬼蛇神、吞刀吐火等奇闻怪事等。小说要不要具有传奇性？小说的传奇性与真实性应该如何平衡？金圣叹提出，“极骇人之事”要用“极近人之笔”写出来，也就是说，神奇的事要用人们可以接受的方式表现出来，通过创造条件，使之具有真实性。强调传奇性要来自现实性。情节越符合现实的逻辑，越具有真实性，就会越奇妙，越能给人以美感。某个情节，如果人们读起来感觉“不可能”，就会觉得是完全虚构的，是假的，如果人们读起来感觉很不可思议，但是又觉得这样的事有可能发生，也就是说具有一定的真实性，人们就会觉得很神奇，具有美感。由此也可以看出，小说的传奇性是要以真实性为前提的。作家在创造传奇性的情节时，不应该通过牛鬼蛇神等完全虚幻的东西来表现，而应该在现实生活中找，因为现实生活本身就包含了传奇性。将这具有传奇性的部分发现并提炼出来，按照生活本身的逻辑表现出来，作品中就会有真实性基础之上的传奇性。

小说创作的素材要从实际生活中来，但是小说并不是对生活简单的记录，它不同于历史著作的完全纪实。小说着眼于对艺术形象的塑造，故事情节是根据艺术形象的需要创造出来的。故事情节虽然是虚构的，但是要符合客观生活的规律。小说家要运用想象和技巧，对社会生活中的素材进行概括、提炼、夸张、虚构等，创造所需要的艺术形象。这样创造出来的艺术形象才会是“合情合理”的，具有真实性。

另外，关于典型人物的塑造，金圣叹也提出了自己独创性的见解，而这恰是金圣叹小说美学中最有价值的部分。

首先，金圣叹将塑造典型人物看作是小说艺术的中心。其次，金圣叹提出了“性格”这个范畴，并以此来概括人物的个性特点。他强调，每个典型人物都要具有自己独特的胸襟、性情、装束、语言，并特别强调人物的肖像、动作、语言的个性化，认为这是塑造典型人物的主要方法。比如《水浒传》中人物众多，仅梁山好汉就有一百零八人。但他们相貌不同，性格不同，语言也有各自的特点，每个人都被刻画得活灵活现（图 66）。

另外，金圣叹还研究了人物描写中的正反描写等塑造典型性格的方法。两个不同性格的人在一起作对比，好的显得更加好，恶的显得更加恶。这种方法，金圣叹称之为“背面扑粉法”，也就是现在经常说的对比和反衬。

通常一个作品中有众多人物，且人物都有不同性格特点、不同身份背景，有正面人物，有反面人物，这么多的人物只小说家一个人刻画出来，小说家又不可能将这些人物一一亲身体验，那么怎样才能做到各不相同又个个逼真呢？金圣叹说，这要靠小说家的观察、分析与研究。因为每件事物都处在一个因果链条中，一件事情的结果肯定是一定原因造成的，而这件事的结果，又很大程度上影响了另一件事，造成了另一个结果。同样，每个人的性格的形成是有原因的，而一个人有这样的性格，也就决定了他的语言和行动。小说家只要善于观察和分析其中的因果关系，就能把握各个人物的性格及行为。

金圣叹的小说美学是具有丰富性和深刻性的，值得后人研究学习。

神秘脂砚斋，妙点《红楼梦》

《红楼梦》是中国古典“四大名著”之一，原名《石头记》，清代著名小说家曹雪芹著。小说以贾宝玉、林黛玉、薛宝钗的爱情和婚姻悲剧为主线，描写了荣国府的日常生活，反映了封建社会的黑暗腐朽，揭示出以贾、史、王、薛四大家族为代表的封建家族由鼎盛走向衰亡的必然趋势。

脂砚斋是最早评点《红楼梦》的人（图 67），但是他本人是谁、生平情况等，后人还没有形成一致的看法。不过从脂砚斋评点的情况看，他应该与曹雪芹关系十分密切。他对《红楼梦》的创作背景、主题思想、情节及细节描写等进行的详细而广泛的探讨，对后世更加深刻了解《红楼梦》作用极大。

脂砚斋十分重视小说的真实性，他认为《红楼梦》最大的优点就是具有真实性。这种“真”并不是指像历史记载一样的完全的真实，而是指合情合理，写出社会生活中的真实情状，表现出社会活动的内在必然性和规律性。脂砚斋认为《红楼梦》中虽然描写了实际生活中没有发生的事情，但是情节合乎生活本身的必然性、规律性，人们看了，觉得合情合理，就会有一种真实感，而这是真实性最主要的含义。

《红楼梦》中的背景，人物的性格、语言、为人处世的方法等都十分合情合理，所以很真实。即便对梦境的描写，其中的景象也是迷离奇幻，却又并非弄鬼弄神。脂砚斋认为，《红楼梦》中对鬼神的描写，其意旨不在于说鬼神本身，而是具有寓言的性质，是为了反映生活中的情理。因此不是宣扬迷信、

【图 67】 《脂砚斋评〈石头记〉》书影

胡编乱造，而是具有艺术的真实性的。

在塑造典型人物方面，脂砚斋也提出了一些有新意的观点。

首先，脂砚斋认为，典型人物是小说家创造的，但是这些典型人物的形象在实际生活中有它的基础，是对实际生活中某种人的“摹写”，这种“摹写”并不是对生活中某个真人的实录，而是对他的仿照。脂砚斋认为，贾宝玉就是曹雪芹虚构的人物，在现实生活中不能找到贾宝玉本人，但是贾宝玉的想法、做法、性格等，是对生活中某个人或某些人的仿照，因此，会使人感觉是真实的。另外，典型人物的真实性不是逻辑思维的真实性，而是想象中的真实性。这种真实性是指，按照逻辑思考，似乎很难说通，但是根据当时的背景和条件进行想象，又似乎有道理，这就是想象中的真实性。

其次，典型人物应该具有多侧面的复杂的性格。因为典型人物要具有真实性，就要合乎现实生活中的情理。现实生活中，不同的人的外形和性格是不同的，同一个人的性格也包含着很多侧面。因此，塑造典型人物时也要注意塑造人物多侧面的性格，不能公式化，坏人不一定要鼠耳鹰腮，就像贴上了标签。简单化、公式化的描写，因违反实际生活的情理，而让人感觉不真实，不真实就没有吸引力。因此脂砚斋特别强调，要写出同一个人物身上的相互矛盾的性格特点。只有这种多侧面的人物性格才是“至情至理”的，才具有真实性。

最后，脂砚斋指出，作家塑造典型人物是为了体现自己的审美理想，因此，典型人物往往带有理想性。例如《红楼梦》中贾宝玉就是曹雪芹本人的审美理想的体现。贾宝玉真实有个性。他重“情”，主张平等，是与封建社会的“理”与“法”相对的，这都是曹雪芹思想追求的体现。

明清古典小说的四大名著包括哪些

小说是中国古代文学不断通俗化和世俗化的结果，经过数千年的发展，到明清时期，出现了空前繁盛的局面，在文学史上取得了与汉赋、唐诗、宋词、元曲相提并论的地位。

明清小说以宏大的题材和细致精彩的描写，为我们展示了一个丰富多彩的人情世界和生动真实的社会生活。在明清小说中，我们可以看到三国乱世的忠义和智慧，可以看到北宋末年江湖的浪漫与悲壮，可以看到神话故事的诡奇绚丽，也可以看到现实生活的人间百态。所有这些，都以精彩的语言描写、鲜活的人物形象和曲折离奇的故事情节直击人的心灵，震撼着人的内心世界，让看过的人永难释怀……

在无数的明清小说中，为世人公认的四大名著是《三国演义》（罗贯中）、《水浒传》（施耐庵）、《西游记》（吴承恩）、《红楼梦》（曹雪芹），这四部著作历久不衰，已经深深地影响了很多中国人的思想观念。

“怪才”李渔和他的导演学名著

李渔，字谪凡，明末清初著名戏剧理论家、文学家，对我国古代戏剧美学的发展做出了卓越贡献，被西方人誉为“东方莎士比亚”。

在明清时期，戏剧已经发展到了成熟期，出现了比较系统的论述戏剧的著作，其中的代表就是李渔编写的《闲情偶寄》。

《闲情偶寄》是我国最早的系统的戏曲论著，也堪称中国戏剧史乃至世界戏剧史上第一部真正意义上的导演学著作。李渔认为，既然戏剧是反映社会生活的，因此真实性是戏剧生命的所在。真实地反映社会人生的情状、人物、情节等符合社会本身的逻辑，才会吸引观众、感动观众，引起观众的共鸣，影响观众的情绪，使观众根据戏剧情节的发展而哭、笑、愤怒、兴奋等，这就是戏剧的美感。只有这样才能取得好的剧场效果。

李渔主张戏剧的真实性，但并不否定戏剧的传奇性，同时也不排斥艺术的虚构。他认为戏剧是作者的创造，表达作者的思想，发挥一定的教育作用，那么，戏剧中的情节和人物特点就要比生活中的更集中、更强烈，因此就需要艺术虚构。他说戏剧都不是生活中真实的事，只是虚构一个典型的人物和事件来起到一种思想教育的作用。

需要注意的是，李渔虽然认为戏剧可以虚构，但是在这一点上，他将历史剧排除在外。他认为历史剧应该完全真实。显然，这种看法是不符合实际的。历史剧（图 68）终究还是属于戏剧，不是历史教科书。历史剧作为一种

【图 68】　历史剧《霸王别姬》剧照

戏剧，一门艺术，是由观众来欣赏的，它更强调的是娱乐性，必须使广大观众感到亲切，易于接受，乐于观看。因此，它也离不开虚构，离不开传奇性。而且历史剧是将历史上的事演给现代人看，所以就要考虑到当代的语言和整个社会文化状况，这也离不开虚构。

明清时期，因为资本主义的萌芽，市民的生活水平有所提高，相较于之前，更加追求精神娱乐，小说和戏剧随之繁荣起来。小说和戏剧与市民阶层密切联系，就必然要求通俗易懂，明清的小说美学家和戏剧美学家都十分强调小说的通俗化要求，其中最突出的就是李渔。

李渔对于戏剧通俗化的主张与前人的观点有一些不同。他提出了戏剧"贵浅不贵深"的主张，这一主张是对通俗的完全肯定，比较直接、彻底。李渔将戏剧与文章作比较，认为文章是读书人作来给读书人看的，因此，可以说艰深的道理，讲究辞藻、艺术手法等。戏剧则不同，戏剧的观众则不仅仅包括读书人，还包括没有读过书的家庭妇女、老人、小孩等，这就要求戏剧要通俗、浅显易懂。艺术创造必须适应欣赏者的特点和要求，才能使欣赏者产生美感，有一些戏剧中的词句很美，但是观众听不懂，因此也不能产生美感。

基于对戏剧通俗化的要求，李渔提出了两点主张。在剧本创作上，李渔主张要少用方言。方言是只在一定范围使用的语言，只有这个范围的人或者学习过这一方言的人才能听懂。因此，用方言创作的戏剧就不容易被理解，不利于广大群众对于戏剧的欣赏。

在舞台演出方面，李渔主张演出时要尽量采用现代剧本，他认为这是选剧本的第一原则。首先戏剧是演给现代人看的，现代人对它所处的时代的社会生活比较了解，现代剧本更能受到观众的理解和欣赏。而且，大多数人总是对现代的艺术作品比较感兴趣，因此要尽量采用现代剧本。

承上启下的美学体系

中国古典美学发展到明末清初，终于进入到了一次总结期，而这一时期的标志性成果便是王夫之的美学体系。这一体系既辩证地继承了中国传统美学理念，又批判性地发展了传统美学思想，可谓具有非常重要的承上启下之作用。

王夫之（图 69），字而农，号姜斋，晚年居住在衡阳西北的石船山，因此世称“船山先生”。他是清代初期伟大的唯物主义哲学家，同时还是一位美学大师。他建立的美学体系主要以诗歌的审美意象为中心，对诗歌意象的基本结构作了具体的分析，提出了情景说。

王夫之在对诗歌意象的结构进行分析之前，首先将“诗”与“意”做了区别，指出诗歌的本体是“意象”，也就是指，对于诗来说，最本质、最重要的是诗歌的意象。

前人提出过“诗言志”的观点，“志”是指作者的志向、意愿、思想感情，“意”也是这个意思。王夫之指出，“诗”不等于“志”和“意”。一首诗好不好，不在于它表达了什么样的思想，而在于它的审美意象如何。一首诗若没有意象，只是在直白地抒发自己的情感、志向，并不是一首成功的诗歌。

王夫之认为，诗歌最本质、最重要的是诗歌的意象，而诗歌的意象是情与景的内在统一，换句话说，情与景的内在统一是诗歌意象的基本结构。在这里，王夫之强调“统一”，孤立的景不能成为审美意象，孤立的情也不能成

【图69】 王夫之

为审美意象。景中要包含着情，情要在景中表现（图70）。情与景结合的具体形态可以是多种多样的，只要这种结合是内在的统一，就可以构成审美意象。

王夫之认为，美是自然界本身所固有的，诗人感受到这种美，将心中的情感与眼中的景象相融合，创造出审美意象，这一审美意象包含着作者的感情，是对自然景物真实而完整的表现。这样的审美意象中就包含着艺术美，能够让人产生美感。那么，人们如何才能发现自然界和社会中客观存在的美

【图 70】［清］石涛《陶渊明诗意图册》（局部）

呢？他认为，审美心胸是人们感受美的重要条件。生活中并不缺少美，而是缺少感受美的心。一个人如果对生活漠不关心，或者心中充塞着对功利的追求，就不容易发现自然界和生活中的美。只有保持一颗积极乐观、纯洁、愉悦的心，才能发现美、感受美和创造美。

在此基础之上，王夫之又对诗歌意象的特点进行了思考和总结，分析了诗歌意象的真实性、多义性、独创性和整体性四大特点。

真实性是艺术创作的基本要求，所有的艺术创作虽然不可避免地有创造、有创新、有传奇性等，但这些都是建立在真实性基础之上的。审美意象真实地反映客观事物，要求作者不去用自己的情感、语言等破坏客观事物的整体性。任何一个事物都具有多方面的特点，这些特点都是客观存在的。但是人们往往容易根据自己的情感来对客观事物进行“加工”，开心的时候看到的景物觉得都是美好的，不开心的时候则完全相反。王夫之是反对这种情况的，他认为事物是客观的，有多方面的性质，人不能用自己的感情去限制、影响和破坏事物的这种客观和完整。

既然事物包含多方面的性质，人在创造审美意象时是对事物真实而完整的反映，那么审美意象中就包含着事物的多个方面，诗歌意象就具有了多义性。而且不同的人在面对客观事物的时候，由于自身生活经历、性格特点、思维方式不同，对事物观察的角度也会不一样。因此，对于同一首诗，同一个意象，不同的欣赏者的感受就会不同。另外，诗歌意象是在作者对事物直接的、瞬间的感受和审美中产生的，没有经过思维的加工和整理，因此，诗歌意象中蕴含的情意就带有不确定性，是宽泛的，具有多义性。

诗歌意象还具有独创性特点，这也是由诗歌意象的产生过程决定的。事物对人直接触发，使人瞬间产生某种感受和情感，在这种灵感下创造出审美意象。诗人受到感发产生审美意象的过程是不可重复的，因而蕴含着某种情感的诗歌意象也是不可重复的，具有独创性。

诗歌意象还具有整体性。整体性是指一首诗中的意象是一个融合在一起的、血脉流通的整体。王夫之认为，贯穿诗歌意象的“血脉”是一种自然的连接，并不是靠词语和意义按照逻辑推理、刻意的安排连接在一起，而是诗人受到客观事物的触动，心中的情感随客观事物的影响而变化、流动，在这一过程中自然而然地形成了意象的组合。只有反复涵泳，想象诗中的景象，设身处地感受作者当时的心境，体会诗中意象变化与承接的关系，就能感受到诗歌意象的整体性。

明末清初三大思想家

明末清初的黄宗羲、顾炎武、王夫之，因为相似的经历、相近的思想、相同的伟大成就，以及同样深远而巨大的影响，被后人称为“明末清初三大思想家”。

他们都属于士大夫阶层，亲身经历了明朝的腐败与灭亡，也亲身经历了抗击清军、挽救晚明残局的军事斗争。在他们看来，明清易代正是他们的亡国之痛！因此，他们的思想之旅是从反思明朝灭亡教训开始的。

首先，他们都认识到过度的君主专制是导致明朝政治腐败、社会黑暗的根源，也是明朝灭亡的根本原因。因此，他们不约而同地主张应该设法限制和制约君权，并提出了自己认为可行的方法。其次，他们也深刻认识到宋明理学导致脱离实际、空谈误国的学风是明朝灭亡的重要原因之一。在此基础上，他们提出了经世致用的思想，主张学问要切合实际，要研究和学习对国家、社会有用的学问，而不是空谈性命之理。而顾炎武更是身体力行，一生走遍祖国山川，实地考察地理，完成《天下郡国利病书》这部“经世之学”的皇皇巨著。最后，在对现实世界客观认识的基础上，他们都不约而同地成为唯物论者，认为世界万物都有着自身的运动规律。

“明末清初三大思想家”对中国古代传统哲学几乎所有的命题都进行了批判，提出了超越前人的见解，代表着中国古代思辨哲学的高峰！

【图 71】 中式庭院里的阴阳图

壮美与优美

青藏高原与桂林山水，贝多芬《命运》交响曲与江南小调，“大江东去，浪淘尽，千古风流人物”与“寻寻觅觅，冷冷清清，凄凄惨惨戚戚”……它们给人的感觉是不同的。人们面对青藏高原的大山、巨石，听到《命运》交响曲的激昂与悲壮，感受“大江东去”时，体会到的是一种阳刚之美，是壮美；而人们游览秀丽精致的桂林山水，欣赏柔婉妩媚的江南小调，体会“寻寻觅觅，冷冷清清，凄凄惨惨戚戚”的感情时，感受到的是一种阴柔之美，是优美。可见壮美与优美是两种风格相对立的美。事实上，中国古典美也恰好分为这两种，且这种传统根深蒂固，从古老的《易经》就开始确立了。

《易经》中认为，宇宙万物的变化发展，都是因为事物内部存在着对立的两种因素，它们就是阴和阳。正所谓“一阴一阳之谓道”，阴和阳是统一的，都是道所不可缺少的（图 71）。《易经》还指出，阴和阳就是柔和刚。在这种阴阳刚柔思想的影响下，中国古典美学通常就将美区分为以“阴”为代表的优美和以“阳”为代表的壮美。与美的这两种不同类型相对应，艺术作品中往往也分为壮美与优美这两种不同的风格。这一点在诗文、绘画中都表现得很明显。需要注意的是，《易经》中虽然指出了这两种美的区别，使人们注意到了它们的不同，但同时又指出了它们之间的统一。正如阴、阳都是道所不可缺少的，壮美与优美也并不是绝对对立的，它们是相互统一的，任何事物的美，只能是偏向于壮美或偏向于优美，但是并不会只有其中一种。壮美的

【图72】 ［明］商喜《关羽擒将图》

形象不仅要雄伟、壮阔，还要表现出内在的韵味。优美的形象不仅要柔婉、俊秀，还要表现出内在的力量。因此，壮美与优美不可偏废其一。

在《易经》之后，清代散文家魏禧与姚鼐都对优美与壮美进行了讨论。

魏禧，字冰叔，明末清初散文家。明朝灭亡后曾隐居江西省翠微峰，后来游居江南，以文会友，传播他的学说。他的文章多颂扬具有民族气节的人、事，表现出强烈的民族意识。著有《魏叔子文集》。

关于美，魏禧曾说，风水相遇，阴阳交错，产生了美。而风水相遇的程度有轻有重，因此就形成了两种不同类型的美。如果风水相遇形成了“汹涌的洪波巨浪”，就是人们常说的壮美。如果风水相遇形成了“平静的涓涓细流”，就是人们常说的优美。魏禧认为，这两种不同的美会引起不同的美感心理。壮美的东西往往与高大、雄壮联系在一起，人们在欣赏这样的景物时，心与物之间常常产生一种对抗的关系，因此，人们内心会产生害怕的情绪。但同时，人们看到壮美的景象，又会激起一种摆脱了平庸的更为广阔的境界，内心充满豪壮之气，会感到兴奋、激动。与壮美相反，优美往往与娇小、精致联系在一起，人们在欣赏这样的景物时，常常会有亲近之感，内心愉悦，甚至会忘记自身的存在。

将壮美与高大、雄壮相联系，优美与娇小、精致相联系，并不是说壮美与优美的区别只在于形式，魏禧所说的美是形式与内容的统一。魏禧认为忠臣（图 72）、孝子、义士、节妇等，都具有阳刚之美，可见壮美与优美是与事物的内容相关的。

姚鼐是清代著名的散文家，安庆府桐城（今安徽桐城）人，与方苞、刘大櫆并称为“桐城派三祖”。他曾举了一些生动的例子来说明这两种不同类型的美。他也指出文章的优美与壮美要统一，不能偏废其中任何一种。但是他又认为，一般人的文章总是不能做到非常恰切、适当的统一，总是要偏向于其中一种，正是因为如此，文章才分出了刚美与柔美两种不同的风格。而到底形成了哪一种美，一般同作者的性情有关。而且在他看来，壮美的地位要高于优美。

苦瓜和尚“一画论”

石涛，清初优秀的山水画家。原姓朱，名若极，石涛是他的字，号苦瓜和尚。石涛少年时明朝灭亡，由于政治变故，社会动乱，被迫出家为僧，半生颠沛流离，晚年才定居扬州。石涛擅长书画和诗文，其画山水广泛学习历代画家长处，又善于将传统的笔墨技法加以变化和创新，注重从大自然中吸取创作的源泉，著有《苦瓜和尚画语录》，阐述了他对山水画的认识，提出了“一画论”，在中国画史上具有重要意义。

石涛的画语录可以说是清代绘画美学著作中最为重要的一部，他把绘画的理论和技巧与对宇宙的看法联系起来，建立了一个美学体系，“一画论”正是这个美学体系的核心。

石涛的“一画”思想是受到了老子哲学的启发。以老子为代表的道家哲学认为世界的本原是“道”，“道”是世界中最为原始的存在，是混沌的。然后“道生一，一生二，二生三，三生万物”，也就由道生出了世界万物。因为“道”是最原始的，在它之前没有任何的存在，所以从这个角度看，“道”是“无”。但是由最原始的“道”产生了世界上的其他事物，从这个角度看，“道”是“万物之母”，是“有”。

以老子的这一思想为基础，石涛认为世界最原始是一片混沌，只有“道”，没有具体的物象，但后来“道”生出了“一”，混沌被打破了，产生了具有具体形象的万物，由“道”到“一”，就是由无形到有形，“一”是形象

【图 73】　[清] 石涛《赠刘石头山水册》（局部）

的开始，是形象的基础。石涛认为“一画”是万象的最基本的因素，也是最基本的法则。绘画是对世界万象的描绘，掌握了“一画”也就掌握了描绘物象的根本法则。而掌握了这个根本法则，绘画时就能做到自由。因为绘画虽然是对世界万物的描绘，但是绘画是由人在人心的支配下进行的，并不是对事物照镜子似的反映，而是加入了人的情感，经过了人心的再加工（图 73）。因此画家的心必须掌握“一画”这个根本法则，才能掌握事物的原理和特点，创作时才能更清楚、自由，创作出生动的意象。

“一画”是世界万物的根本法则，也是画家创作时要遵循的根本法则，画家进行绘画创作时，只有掌握并遵循了这一法则，才能摆脱束缚，完全根据物象本身来进行自由创造，才能画出真实生动的形象。由此，石涛认为绘画创作应该遵循“一画”法则，而不应该拘泥于古人所形成的“成法”。当然“一画”理论并不是要求人们放弃任何约束，而是要人们从法则中去获得自由，将法则与自由统一起来。要以最根本的“一画”作为遵循的原则，而不是以古人的原则为原则。

绘画成法是古人在自己的实践经验中总结出来的，石涛要求人们摆脱绘画成法的束缚，并不是要求人们完全抛弃古人的经验与传统，而是强调要随事物的不同而进行变化。绘画是一种创造，不应该是完全的模仿，不同的画家绘画风格会有不同，所画之物的不同也要求有变化。石涛提出绘画要“借古以开今”，也就是说，古人的作品及形成的成法，对今人来说是一种参考和借鉴，不能完全照搬。学习古人是为了创新，借鉴古人的传统，同时也要懂得变化，这所说的就是继承与创新的关系。石涛的这一思想是十分正确的，在今天仍然具有指导作用。

“东方黑格尔”：诗品出于人品

刘熙载，清代文学家、语言学家、文艺理论集大成者，也因此被人誉为“东方黑格尔”，他晚年创作的《艺概》是中国近代最重要的文学评论类著作之一。该书内容丰富，分别论述了诗、文、词、赋等的性质特点、体制流变等，中间也有对重要作家作品的评论，是刘熙载一生对传统文化艺术的心得之谈。

刘熙载认为，一切艺术都是按照矛盾的法则产生的，这可以说是贯穿《艺概》全书的中心思想。矛盾，简单理解就是事物之间的不同与对立。而不同的事物是相比较而存在的，具有统一性。刘熙载以这一思想为指导，对文艺创作中存在的矛盾关系作了研究与论述，在对比中进行分析，使这些关系更加清楚。

“咏物”和“咏怀”是文学作品最为主要的两方面内容，刘熙载对它们进行了比较。“咏物”侧重对事物进行刻画，“咏怀”侧重对人的情感进行表达。他说：“实事求是，因寄所托，一切文字不外此两种。”“实事求是”侧重对客观事物的描写，侧重“咏物”；“因寄所托”侧重对感情的表达，侧重“咏怀”。他主张要把“实事求是”与“因寄所托”统一起来，也就是说把“咏物”与“咏怀”统一起来。而为了要将“咏物”与“咏怀”统一，艺术家应该深入生活中，认真观察事物，亲身感受事物，对所要描写的生活有亲身经历和亲身感受。这样才能在描绘事物时具有真感情，才能将事物刻画成功。

关于诗品与人品，刘熙载也有很多论述。“诗品”是文章作品所具有的格调、品质，“人品”则是人所具有的道德品格。艺术作品是人情感思想的表现，因此诗品与人品是统一的。刘熙载认为，作者思想境界的高低在一定程度上决定着艺术作品艺术价值的高低。一个人写的字、作的诗往往是他志向的表达，也是他学问、才情的表现。不同个性的人，他的作品的特点也不同。“诗品出于人品”，从一个人写的字和文章中就能了解到这个人的志向、为人。由此，刘熙载强调，艺术家首先要致力于提高自己的人品。

在此基础上，刘熙载还非常强调艺术的真实性，不仅要求对物象要真实反映，而且要求作者的情感也要真实。但同时他认为，想象力也是艺术创作中不可缺少的。他把对事物的反映与刻画分为两种，一种是“按实肖像”，也就是模仿，一种是“凭虚构象”，也就是虚构。虚构在艺术创作中具有特殊的重要性，因为只按照客观事物本来面目进行创作，而不加入任何创造，创作就会是有限的。只有加入了想象与虚构，艺术的创造才能是无穷无尽的，才会具有多样性。

此外，刘熙载还将诗歌的内容细分为“辞情”和“声情”两方面。“辞情”是通过文辞所表现出来的思想感情，“声情”则是通过声调、音韵所表现出来的思想感情。诗歌中都包含有“辞情”和“声情”两方面，它们是统一的。但是有的诗歌中，文辞具有特点，是表达感情的主要方式；有的诗歌中，声调和韵律具有特点，起到了表达情感的主要作用。这种不平衡就使不同体裁的文学作品形成了不同的特色。刘熙载比较诗和赋时说，诗“辞情”少而“声情”多，赋“声情”少而“辞情”多。这样的分析对于不同体裁作品的创作与欣赏是有帮助的。

板桥论竹，身与竹化

郑板桥，原名郑燮，字克柔，江苏兴化人，清代书画家、文学家，诗、书、画都有涉及且十分优秀，世称“三绝”。郑板桥一生主要在扬州居住，以卖画为生。

郑板桥十分喜爱竹子，他一生几乎与竹联系在一起，画竹几十年，成就也最为突出。他经常在画上题诗，抒发自己的感情，托竹言志。他曾在《竹石图》（图 74）中题诗：“咬定青山不放松，立根原在破岩中。千磨万击还坚劲，任尔东西南北风。”竹子虽然在青山上的岩石中扎根，但是并没有被恶劣的环境击倒，千磨万击反而使它更加坚韧。这首诗生动地表现了竹子的勇敢与坚定，像一个不屈的烈士。从诗歌中人们也可以感受到郑板桥豁达、坚忍的精神。

郑板桥对绘画理论与方法的一些论述也是以竹为例来说明的。他曾用“眼中之竹”“胸中之竹”“手中之竹”来概括画家创作的全过程。“眼中之竹”，是指人们看到现实中的竹子，对它进行全面的观察，这时的竹子还是客观的，投射到画家眼中的竹子是以现实的竹子为依据的。“胸中之竹”则指人们看到竹子，形成“眼中之竹”后，在此基础上，用心去感受竹子，将自己的情感熔铸到竹子中去，这时的竹子不再是完全客观的，而是经过了画家在心中的加工所形成的更加美的意象，是饱含了人情感的存在于人心中的竹子形象。“手中之竹”也就是说，作者将“胸中之竹”诉诸笔端，将心中的竹子运用技

【图 74】 [清]郑板桥《竹石图》

巧在画纸上画出来，这时的竹子以客观竹子为依据，但又饱含了画家的情感，具有意境。这一过程是不可颠倒的，郑板桥认为在这个过程中，最重要的是“胸中之竹”的形成。因为“眼中之竹”是人们对竹子的客观反映，还不是审美意象；到了“胸中之竹”，加入了画家的情感，是对客观竹子的再加工，因此成了审美意象。而有了“胸中之竹”画出来的竹子才在具有真实性的基础上也具有情感性，是形象的，更是生动的，有了生命。

北宋文学家、书画家苏轼也对审美创造进行过探讨，提出了“成竹在胸”和“身与竹化”的命题。“成竹在胸”就是“胸中之竹”的形成过程，是指画家在动笔作画之前，胸中要先有作画之物的清晰且完整的形象。这个胸中的“成竹”就是客观的竹子形象与画家情感相契合的产物。这种契合具有不稳定性，就如灵感的爆发，是突然的，且容易消失，因此要不失时机地抓住胸中涌现的意象。“身与竹化”是一种创作时的精神状态。因为将胸中的意象准确、形象、快速地表现在画纸上，不仅需要高度纯熟的技巧，还需要一种高度集中的精神状态，苏轼将这种状态描述为“身与竹化”，也就是说画家将自己的精神与心中竹子的意象完全融合在一起，达到了忘我的境界，忘记了自己的身体，忘记了生活中的得失等。现实生活中，一些艺术家在进行艺术创作时，达到了忘我的境界，不但把自己身体的疲劳、病痛忘掉了，而且似乎把整个世界都忘掉了，这便是达到了“身与竹化”的境界。

苏轼和郑板桥的命题合起来就完整地说明了画家从看到客观事物，到在心中形成审美意象，最后将意象表现在画纸上的过程。在这一过程之外，苏轼还补充了一点。

苏轼是元气论者，他认为宇宙万物都是由元气团结而成的。当然他所作的画也是由元气团结而成的。元气充满宇宙，不仅在物象中，也在物象之外的虚空。因此，在欣赏自然美时，郑板桥就很注重声、光、影这些看来比较虚的东西。因为这些虚的声、光、影与实的物象相结合，更能产生意境。而且郑板桥也强调，从“胸中之竹”到“手中之竹”需要技巧，要是创造出来的“手中之竹”具有意境，就更要有高度熟练的技巧，因此，这就离不开长期艰苦的训练。

郑板桥及苏轼对艺术创作过程的论述，郑板桥对于技巧训练的强调，这些都对后人的艺术创作起了指导作用，是十分可贵的。

“你有你的体，我有我的体”

郑板桥在年轻的时候，模仿名家书法已经到了相当神似的程度，但仍觉得差一些。据传有一天，他思考书法技巧的时候在妻子背上画来画去，妻子生气了，说道：“你有你的体，我有我的体，你老在人家的体上画什么？”这句话一语双关，郑板桥恍然大悟，在前人风格的基础上继续进行自己的艺术感悟和研究，终于形成了自己的风格。

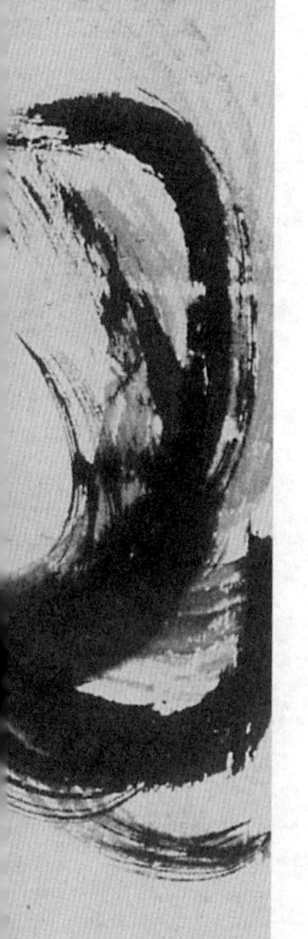

第八章

新起点，新气象：民国时期的美学

（1912—1949年）

清代后期，中国国门被打开，西方思想涌入中国，与中国古代传统文化产生碰撞与融合。民族革命战争也使得人们的美学思想与现实相联系。这一时期，梁启超、王国维、鲁迅、蔡元培和李大钊的美学都有一个共同的特点，就是热心于学习和介绍西方美学。虽然他们没有建立起自己的美学体系，但是却带来了与古典美学大为不同的思想，具有自己的特点。另外，鲁迅和李大钊的美学还与社会的现实环境相联系，带有强烈的革命性。

【图 75】 梁启超故居

启蒙近代中国的“梁氏美育观”

梁启超（图 75）是中国近代美学史上的一位重要人物，他也是中国近代史上著名的资产阶级改良活动家，是近代中国的思想启蒙者。他号饮冰子，其著作合编为《饮冰室合集》，其中涉及美学的内容很多。

梁启超十分看重美，并在社会生活中将审美提到了很高的地位，认为美是生活中最重要的因素。他指出，“趣味”是人生活的原动力，有了趣味，人才能生活得好，丧失了趣味，人就成了行尸走肉，毫无生气可言。而美能够带给人以趣味，因此美在生活中至关重要。梁启超指出，对美的事物的感受和喜爱是一种本能，但是某些因素使人的感觉器官不会用或不常用，时间长了就会麻木，渐渐丧失了这种审美能力，这样就会导致越来越缺乏趣味。而通过对艺术的欣赏来达到的审美趣味，可以使人对美的麻木状态恢复过来，使人的生活变得有趣。

艺术怎样给人以审美趣味呢？梁启超认为有三种途径，对应这三种途径，艺术作品可以分成三派。

第一，梁启超认为自然之美可以给人的心灵以抚慰，让人感觉轻松。与之相对应的，梁启超认为艺术作品中的一派为描写自然之美。这类艺术作品就是使人在欣赏作品时感受到自然之美，从而放松身心，获得审美趣味。

第二，回味快乐或者倾诉痛苦，能让人感觉更快乐。对于快乐而言，遇到快乐的事自然不必说，而回味快乐的事，也能再次感受到快乐；对于痛苦，

【图 76】［清］查士标《桃园图》

自己将痛苦倾诉出来，可以减轻自己的痛苦；别人看出并说出“我”的痛苦，“我”的痛苦也会减少；“我”看出并替别人说出他的痛苦，也会减少他的痛苦。因此，文学作品中有一派就是侧重表现人的心态，这在小说、戏剧中体现得尤为明显。人们从小说或戏剧中的人物身上，体会到他们的快乐或悲伤的心情，自己的情感也会随之波动，并在这过程中体会到快乐。

第三，人们可以在理想和想象中获得快乐。现实生活中的烦扰不可避免，人在同一种环境下时间长了，也会产生厌烦的情绪，但是人在肉体上又逃离不了现实的束缚，所以只能在精神上寻找自己理想的世界和生活。人在想象中体会到自由，也就体会到了快乐。因此，文学作品中有构造理想世界的一派。典型的如诗人陶渊明的《桃花源记》，作者塑造了一个没有阶级剥削、自给自足、和平恬静的世外桃源（图 76）。人们在欣赏这样的作品时，就会体会到文章表现的美好，也就体会到了趣味。

因为“美”是生活中最重要的因素，“美”给人带来趣味，能够让人生活得更好，所以，梁启超竭力提倡审美教育，梁启超称之为趣味教育或情感教育，目的是培养高尚的趣味，铲除低级的情趣，推动人类进步。而梁启超认为，审美教育的最大利器是艺术。艺术，包括音乐、美术、文学等不同形式，但无论哪种形式的艺术，都是对人情感的捕捉与表现。作者通过作品表达某种情感，观赏者通过作品可以体会到这种情感，在这过程中，实现心灵的交流。由此，梁启超也认为艺术家的责任很重，要提高自己的修养，创造好的艺术作品。

在此基础上，他还研究了美与真的关系，认为艺术的美与科学的真是相统一的。梁启超指出，虽然从表面上看来艺术是情感的产物，科学是理性的产物，两者是极不相同的，但是两者有一个共同的因素，那就是自然。艺术的关键是观察自然，科学的关键也是观察自然。

科学研究要有兴趣和客观的态度，艺术亦是如此。梁启超指出，艺术的创造和欣赏需要有十二分的兴味和纯客观的态度。“兴味”就是兴趣、趣味，因为艺术和科学要观察自然，首先就是要对观察的对象有兴趣，这样才能将全部精神集中在观察的对象上。而客观的态度不仅对科学研究来说很重要，而且对艺术创作来说，也是不可缺少的。艺术作品要表现某种事物，并不是凭空任意创造，而是根据对事物的观察，在具备一定客观性的基础之上进行加工、创造。因此，在这个观察的过程中，客观的态度是必不可少的。可以看出，兴趣与客观的态度无论是对于科学还是对于艺术来讲，都是十分重要的。

同时梁启超认为，科学的前提和根本是要有敏锐的观察力，艺术也需要这种观察力，例如绘画就有助于观察力的形成。艺术要表现美首先要表现真。虽然梁启超认为真就是美，真才是美，这个说法本身并不准确，但是他说出了美的一个重要条件，因为只有具有真实性的东西才可能是美的。另外，重视艺术与科学之间联系的观点，对我国艺术教育后来的发展也起到了积极的作用。

【图 77】 近代国学四大导师（从左至右分别是：梁启超、赵元任、王国维和陈寅恪）

灯火阑珊“三境界”

王国维（图77），字静安，晚号观堂，浙江海宁人，我国近代著名学者，对文学、美学、史学、哲学、古文学、考古学等各方面都有研究。王国维的美学著作很多，其中《人间词话》（图78）、《宋元戏曲考》、《红楼梦评论》影响最大。

在美学领域，王国维的“境界说”很重要，也很著名，很多人以为“境界”或“意境”的范畴是王国维首先提出来的，其实这是错误的。“意境说”作为一种理论，在唐代就已开始形成，到了清代，“意境”和“境界”就已经被人们普遍使用了，而且它们常常是作为同义词来使用。

在王国维那里，他谈到艺术作品的时候，是把两个词作为同义词来用的。但是也有细微的差别，它们所强调的含义不同，所应用的范围也不同。“意境”只用于艺术作品中，“境界”的范围较大，不仅可以用于艺术作品，也可以指客观世界中作家所描写的对象及人心中的审美对象。虽然它们之间具有细微差别，但是，它们的含义是基本相同的。

首先，它们所指的都是情与景的统一，这是王国维对“境界”或“意境”最基本的规定。表达情感时要将情赋于合适的景中，描写景物时也要饱含一定的情感，情景交融，才能使景物具有生命，情感也能更好地表达。

其次，“境界”和“意境”要求艺术作品具有真实性。王国维在《人间词话》中说：“故能写真景物、真感情者，谓之有境界。否则谓之无境界。”

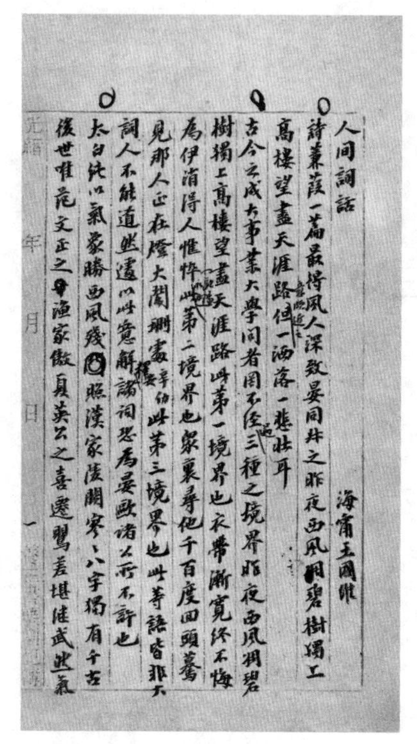
人间詞話　海甯王國維

詩蒹葭一篇最得風人深致晏同叔之昨夜西風凋碧樹獨上
高樓望盡天涯路但一洒落一悲壯耳
古今之成大事業大學問者罔不經三種之境界昨夜西風凋碧
樹獨上高樓望盡天涯路此第一境界也衣帶漸寬終不悔
為伊消得人憔悴此第二境界也衆裏尋他千百度回頭驀
見那人正在燈火闌珊處辛幼安此第三境界也此等語皆非大
詞人不能道然遽以此意解釋諸詞恐為晏歐諸公所不許也
太白純以氣象勝西風殘照漢家陵闕寥寥八字獨有千古
後世惟范文正之漁家傲夏英公之喜遷鶯差堪繼武然氣

光緒　年　月　日

【图 78】　《人间词话》书影

最后，王国维指出，“境界”与“意境”还要求艺术作品中的语言能够引起鲜明生动的形象感。有意境的作品，语言要真实、明白、朴素，能把作家头脑中的意象和情节准确、充分地表达出来，使读者读到这些文字时，头脑中能形成生动的意象。

这三层意思是王国维对“境界”和“意境”的强调，但无论是“境界”还是“意境”，都包含着一个“境”字。中国古典美学中有“境生于象外”的说法，也就是说，“境”的形成是超出艺术作品中的意象的，是虚与实的统一。而王国维所强调的情景统一、真实性和语言的形象性，都没有涉及“境”的特点。由此可以看出，王国维的境界说，并不属于中国古典美学“意境说”的范围，它更倾向于是对意象的解释。

需要注意的是，人们使用“境界”时，并不都是作为美学范畴来使用的。王国维在他的论著中对“境界”一词的使用也是这样，他有时并不指审美的境界。例如王国维最为著名的“三境界说”就不是指审美的境界。

> 古今之成大事业、大学问者，必经过三种之境界：“昨夜西风凋碧树，独上高楼，望尽天涯路。”此第一境也。“衣带渐宽终不悔，为伊消得人憔悴。”此第二境也。“众里寻他千百度，蓦然回首，那人却在灯火阑珊处。”此第三境也。

这三种境界是就读书、事业和修养等阶段而言的，第一境界诗句出自北宋词人晏殊的《蝶恋花》，写女主人公的相思之情。这种站在楼阁上望眼欲穿的情景，被王国维借用，指方向与目标。第二境界诗句出自北宋词人柳永的《蝶恋花》，是写一个男子对一个女子的思慕。这句话是全词的最后两句，表达了男子为了意中人消瘦、憔悴也不会后悔的感情。王国维借此用来比喻追求目标过程中的辛勤与努力。第三境界诗句出自南宋词人辛弃疾《青玉案》，大意为在众多的人中寻找他，找了很久也没有找到，偶然间一回头，却发现他就在灯火阑珊的地方。王国维用这句话来表现达到目标之后的豁然开朗。这“三境界”现在多被用来指读书时，在不同阶段所达到的境界。

忠于清室的王国维

王国维处在清末动荡的历史时期，他的政治思想比较保守，辛亥革命推翻了清王朝，他还希望清王朝能够复辟。王国维的政治态度和人生经历也影响到了他的整个人生观，他认为人生就是谬误，充满苦痛。可以看出，他的人生观笼罩着浓厚的悲观主义色彩。

【图79】　1935年，曹白版画《鲁迅》

革命的美学，五四的先声

鲁迅（图 79），原名周树人，字豫才，浙江绍兴人，中国现代文学家、思想家、革命家。其作品包括小说、散文、杂文等，代表作品有短篇小说集《呐喊》《彷徨》、散文集《朝花夕拾》等。其中《阿 Q 正传》《社戏》《从百草园到三味书屋》《孔乙己》《故乡》等篇已被选入中学课本。鲁迅的作品对五四运动以后的中国文学产生了深刻而广泛的影响。

鲁迅青年时代曾受西方进化论、托尔斯泰博爱等思想的影响，具有进步的观念。当时的社会矛盾重重，急需变革，然而国民的思想还是相当保守，不懂得反抗。鲁迅曾留学日本学习医学，一次学校放映纪录片，他看到了一个被误以为是俄国间谍的中国人要被日本人杀害时，周围的中国人都在看热闹，十分麻木。鲁迅的灵魂被触动了，他看到了国民的无知，于是弃医从文，希望用文学改造中国人的“国民劣根性”。

在这样的背景下，鲁迅先生所作的文章就不能不带有揭露黑暗、启迪民众的色彩。例如在他的短篇小说《药》中，鲁迅先生描绘了一个底层百姓为了给儿子治病，无情地用蘸着革命者鲜血的馒头当药引的故事。这在当时或许很平凡，民众愚昧无知，相信人血馒头能治病这样荒诞的事情，还有很多无聊的麻木的看客。虽然也有一些具有先进思想和反抗意识的革命者，但是他们得不到民众的理解和支持。当时的社会正如鲁迅先生所描绘的那样，黑暗、恐怖、死气沉沉。但是，鲁迅先生并没有放弃希望，他最后写两位母亲

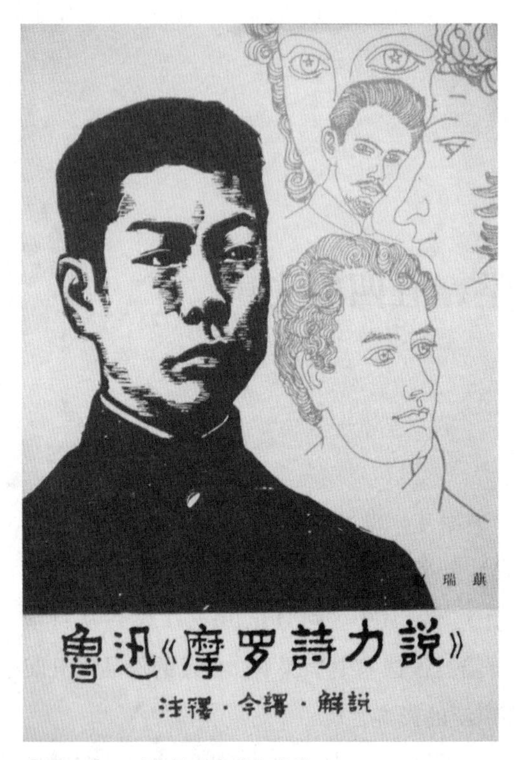

【图 80】 《摩罗诗力说》书影

在给儿子上坟的情节时，写了革命党人夏瑜的坟上多了很多红白的花，这些花是人们对夏瑜的纪念，象征着希望，预示着越来越多的人开始觉醒，革命必定后继有人。

正如《药》一样，鲁迅几乎所有的作品都是为革命而服务的，这正是他的美学思想的体现。他这样的美学思想，在《摩罗诗力说》(图 80）论文中，已经被明确地提出来了。

“摩罗”是对印度梵语的音译，也有的译作“魔罗”，或简化为“魔”，是指天上的恶魔。鲁迅先生在《摩罗诗力说》中，列举了一些诗人，如拜伦、雪莱、普希金、裴多菲等，这些诗人写诗大部分都意在反抗，追求民主、自由，并号召人们行动起来，进行革命。鲁迅将这些诗人称为“摩罗诗派”。

鲁迅指出，中国古代的政治制度一直是封建专制制度，各个朝代都想要自己能够千秋万代进行统治，因此禁止一切反抗的思想，企图一切永远保持老样子。而诗歌是人们进行思想交流的工具，包含着进步思想的诗歌，能够触动人心，启迪人的观念，具有号召作用，从这一方面看，它的作用是无法估量的。而统治者为了避免这种情况，往往就束缚诗歌的创作，或者借对诗歌创作进行规定来约束人们的性情。鲁迅是十分反对这一点的，他认为，腐朽的社会需要改变，人们的思想需要启迪，摩罗诗派的精神就应该被提倡。

摩罗诗派最重要的特点就是用诗歌来号召人们起来反抗，为自由、民主和民族解放而奋斗。他们都具有坚强的意志、进步的思想和对旧制度不妥协的精神，用自己的诗歌作为武器，传播真理。除此之外，摩罗诗派还具有行动性这一特点。他们并不是空喊口号，而是将诗中表达的思想用自己的实际行动来为之奋斗。他们是真正为真理、自由和祖国解放而奋斗的战士。例如英国浪漫主义诗人拜伦，他不仅在他的诗歌里塑造了一批“拜伦式英雄”，号召人们为新世界进行奋斗，而且自己也积极勇敢地投身革命。他参加了希腊民族解放运动，并成为领导人之一，最后死于军中。

正如摩罗诗派用诗歌来传播进步思想、传播真理，鲁迅认为，文艺对人生的作用正在于启示人生的真理及涵养人的神思。文学艺术虽不像学术著作那样具有周密的逻辑，它偏于自由和感性，但是正是在这自由之中，人生的很多丰富且微妙的真理得以展现。人对世界的认识都是从感性认识上升到理性认识的。如果一个人没有见过水，纵使你跟他说了所有从物理和化学角度分析出来的性质，他也不可能产生直观的理解。但是如果你将一盆水端到他面前，他就会看到水的无色，闻到水的无味，以及触摸到水的温度和流动。文学带给人的正是这种直观的人生感悟，人们从诗中可以体会到实实在在的生活。人们从中感受到生活和人生，唤起了自己的情感和理想，这样就发挥了诗歌所应有的社会作用。

鲁迅的美学思想虽然不一定是最正确的美学，但是在当时的社会状态下，他的美学可以说是最进步和最健康的美学。它是五四运动的先声，启发了一些人的思想，号召人们团结起来为新中国而革命、奋斗。

【图81】 蔡元培雕像

蔡元培：首倡德、智、美并重的教育家

蔡元培（图 81），今浙江绍兴人，革命家、教育家、政治家，中国现代著名的学者。他曾到德国留学，辛亥革命爆发后回国，担任“中华民国”的教育总长。他主张采用西方教育制度，提出了一系列的改革措施，确立起我国资产阶级民主教育体制。后来任北京大学（图 82）校长，也进行了一系列革新。

蔡元培对美学情有独钟，作为教育学家，他将美与教育联系在一起，提出了美育的思想。

蔡元培受德国哲学家、美学家康德美学思想的影响，认识到美具有普遍性这一特点。他在论文中将美与食物、衣服作比较，指出食物、衣服一个人吃穿之后，另外一个人就不能同时使用。但是美与之不同，美是可以很多人共同观赏的。美的普遍性就使美不具有人与人之间的利害关系。因此，美感不会让人产生利害得失的计较。艺术终究是属于观念的层面，与现实不同。在现实中，人们会为生计打算，这时柴米油盐、衣食住行就是实实在在的东西，带有现实的、功利的色彩。但是当这些事物进入诗歌等文学作品中时，就会只是一种符号，无关人们的实际需要，就具有了美感。因此，美在人的精神世界中是十分重要的。

蔡元培十分重视美育，是中国近代最早从德育、智育和美育的关系来分析美育重要性的人。他认为每个人都有自己的想法、意志，但是人处在复杂

【图 82】 北京大学的未名湖与博雅塔

的社会关系中，自己的行为关系到他人，也关系到整个社会。而教育就是使人有恰当的行为，使人与人之间能够和谐相处，使社会充满秩序。在德育、智育和美育当中，德育是中心。对人进行道德的教育以使人在做每件事之前，思考自己的行为会产生什么后果，给他人和社会带来什么影响，这方面也有赖于智育的帮助。对人进行道德教育还可以使人具有某种观念信仰，例如，遇到正义的事情能够奉献自己的热情和力量，具有爱国主义思想等，而在这方面，则有赖于美育的帮助。由此可见，美育有助于德育。

另外，美育也有助于人格的完善。生活中充满美，这些美的景色和事物能够给人心灵的慰藉，让人情感更丰富。用审美的心态来生活，人们就会更容易体会到生活的乐趣。而且，审美对人的性格塑造也有影响，例如，人们观赏小桥流水等优美的景色时，就会使自己安静、平和，渐渐形成一种淡然的个性。但人们欣赏名山大川这样壮美的景象时，往往会感到激动、振奋，有助于培养勇往直前的大无畏精神。美育在这一方面也显示了它的重要作用。

关于美育的作用，蔡元培还提出了“以美育代宗教”的观点。在西方社会，宗教有很大的势力和作用，尤其在早期，宗教承担了对世界进行解释、司法审判、道德培养和心理安慰等功能，影响着人们的思想，当然就包括对美的评判。但是，随着科学的发展、社会的进步、人们思想的独立，科学、司法、道德等都逐渐从宗教中脱离出来。蔡元培认为，对于美的教育，不仅应该从宗教中脱离出来，而且应该以美育来代替宗教。因为，宗教是对某一特定思想的信仰，实际上对人的思想具有束缚作用，而且往往排斥其他宗教的思想，具有局限性。一般情况下，宗教的教义不会改变，因此，宗教思想往往是保守的，无法跟上社会发展的步伐。美育则不同，美，尤其是自然美，对每个人来说，是开放的、自由的，不会束缚人的思想。而且美是进步的，自然美时刻在变化，艺术美也常常会随着自然和社会的发展变化而变化，由此可知，美育相对于宗教来说，更具有先进性。宗教通过某些教义能够教育人宽容、善良，化解社会矛盾，但是一些宗教在遇到与自己信仰不同的其他宗教时，也会显现出其狭隘性，历史上出现过无数次宗教间的战争。因此，宗教有时不仅不能化解人的矛盾，反而还会制造出矛盾来。与宗教不同，美对人的教育往往是无害的、深刻的。

蔡元培虽然提出了“以美育代宗教”这一口号，但是并没有进行深入的论述，也没有付诸实践。但是，这种对美育的重视仍然具有进步的意义，值得后人思考。

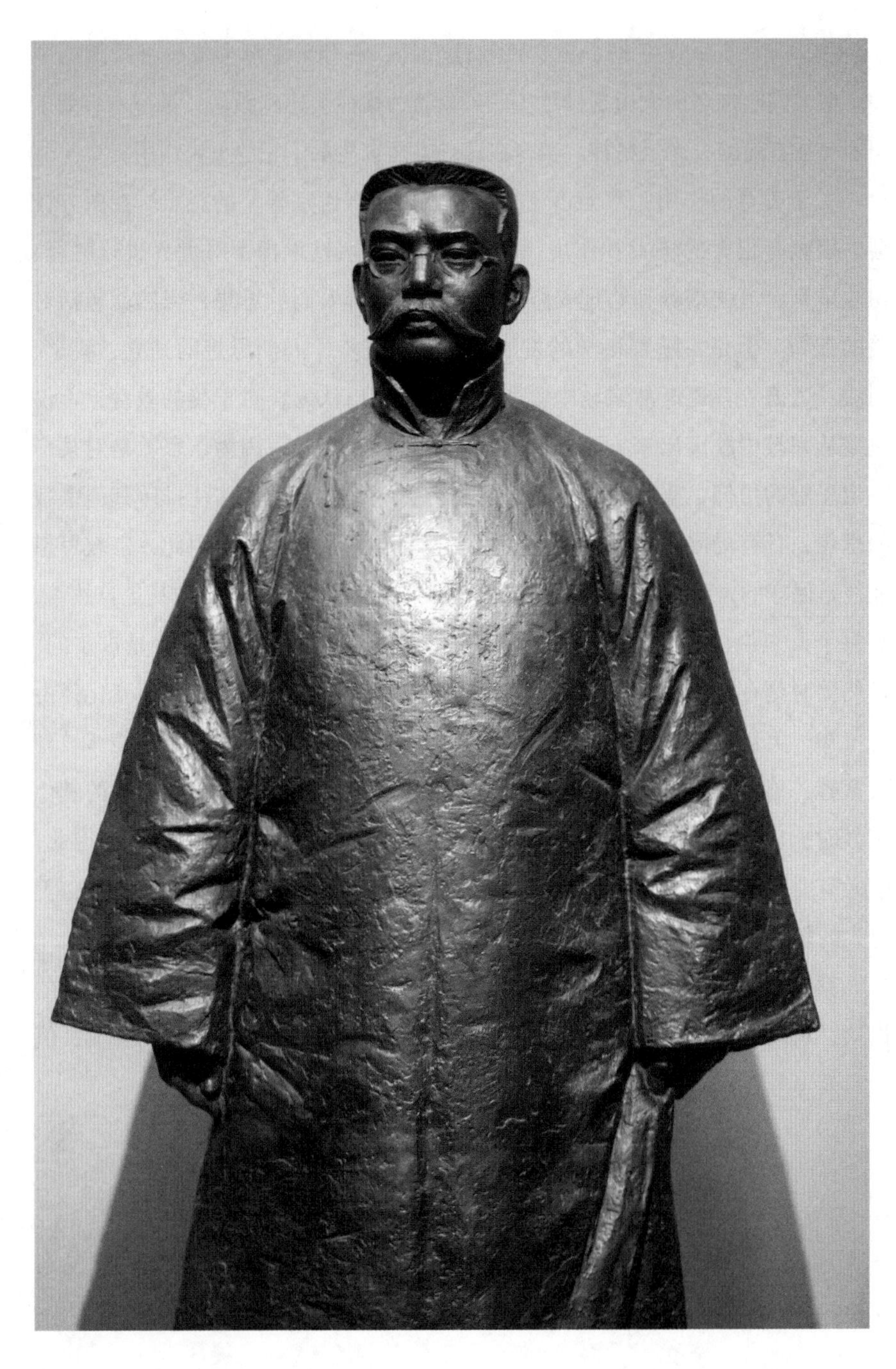

【图 83】 李大钊雕像

李大钊的劳动美学

李大钊（图 83），河北唐山乐亭人，中国共产主义的先驱，杰出的无产阶级革命家、中国共产党主要创始人之一，还是著名的学者。李大钊参与了新文化运动，其间，俄国十月革命胜利，马克思列宁主义传到了中国，这极大地鼓舞和启发了李大钊，他开始大量宣传十月革命和马克思列宁主义的思想，成为我国最早传播马克思主义的人。后来，李大钊又与陈独秀遥相呼应，积极活动，筹建中国共产党。但是，李大钊的革命活动遭到北洋军阀的仇视，1927 年，奉系军阀张作霖勾结帝国主义，在北京逮捕李大钊等 80 余人。在狱中，李大钊虽然遭受了酷刑，但始终严守党的秘密，坚贞不屈，最后被绞杀。

李大钊将一生都奉献给了革命，为无产阶级的解放事业而奋斗，他的美学思想也体现出这样的倾向。李大钊并没有专门论述美学的文章，但是从他在报刊上发表过的一些杂感中也能体会到他的美学观念。

李大钊曾在《每周评论》上发表过一篇《光明与黑暗》的论文，他叙述了一个有特殊习惯的美术家，这个美术家只在每天早晨的时候，出门登城眺望，观赏城中的景象，可是过了晌午，便闭门不出了。李大钊紧接着在下文说出了美术家之所以这样做的原因，而这正是李大钊自己美学思想的体现。美术家说，他早晨看见的，是一些担着蔬菜进城的劳动者和背着书包去上学的小学生等。他们都是靠自己劳动过生活的人，这样的人，即使是推粪车的工人，也有清白的趣味，也充满力量，靠着自己的工作，发挥了人生之美；

【图 84】 1934 年，夏朋作版画《挑夫》

而到了中午以后，城里出现的人都是“不生产只消费的恶魔们”，驾着汽车，带着侍卫，“就把人世界变成鬼世界了”。李大钊评论说，这人世界与鬼世界的区分也是光明与黑暗两界的区分，而光明与黑暗的区分也是美与丑的区分。

从这个故事中可以看出，李大钊对美的界定，是与劳动紧密联系在一起的，这也是马克思主义美学的基本观点。他认为，在社会生活中，美总是和人的劳动、创造联系在一起。人在学习和成长中不断接触世界、认识世界，把握生活中事物的规律，然后再运用这种规律，发挥人的创造性，通过劳动制造出新的事物，人也在其中获得了更多的自由，体会到自己的创造力和改造世界的力量，因此，就会觉得是美的。这种美感来源于人们在具体的创造物中所看到的人类的智慧和力量，而这会使人产生精神的愉悦和享受，形成美感。因此，人的美就在于劳动和创造（图 84）。现代社会中，有些人离开劳动和创造去追求美，必然会走到美的反面，他们将不美的东西当作美来炫耀，这便是没有认清美的本质。

新文化运动期间，李大钊曾在《新生活》期刊上发表了题为《牺牲》的杂感，之后在《新民国》期刊上发表了题为《艰难的国运与雄健的国民》的短文，也都表现了他的美学思想。

> 人生的目的，在发展自己的生命，可是也有为发展生命必须牺牲生命的时候。因为平凡的发展，有时不如壮烈的牺牲足以延长生命的音响和光华。绝美的风景，多在奇险的山川。绝壮的音乐，多是悲凉的韵调。高尚的生活，常在壮烈的牺牲中。
>
> ——节选自《牺牲》

李大钊在这里的意思是，牺牲有的时候也是一种美。牺牲就像是奇险的山川、悲凉的韵调一样，具有壮烈和崇高的色彩，是一种壮美。人生的壮美境界常常是与艰苦奋斗、壮烈牺牲联系在一起的。李大钊认为，在劳动中改变世界，通过创造来获得自由是美的本质，而在创造和追求自由的过程中，难免会遇到困难、挫折，甚至牺牲。但是这样的牺牲因为与美相联系，就具有了悲壮、美好的色彩，因此，李大钊说“平凡的发展，有时不如壮烈的牺牲足以延长生命的音响和光华”。

《艰难的国运与雄健的国民》一文讲道，在历史的道路中，遇到艰难险阻，要靠雄健的精神才能冲过去。而且在奇壮的境界中，更能体验到一种冒险的乐趣。李大钊结合当时的历史国情又说道，中华民族正处在一段崎岖险阻的道路中，是一种奇壮的景致，但是要体会到走这段路的壮美，就要有雄健的精神。这篇文章的主要意思与《牺牲》中的一致，认为社会中的艰难险阻，要有坚强不屈的雄健精神才能战胜，而这是极为壮美的。

人生的美在于劳动与创造，在劳动与创造过程中，难免会遇到困难，甚至会为此而牺牲，但是为了创造新生活，为了真理和理想而死，是十分美好的，也是十分值得的。李大钊的这些思想，不仅启示当时的国民为新中国而奋斗，也启示后人思考要以什么样的态度来对待困难，要追求什么样的美才是真正的美。